植物的生存智慧

植物四季的秘密生活

〔日〕田中修——著
郜枫——译

植物の生きる「しくみ」にまつわる66題

浙江人民出版社

图书在版编目（CIP）数据

植物的生存智慧：植物四季的秘密生活 /（日）田中修著；部枫译 .-- 杭州：浙江人民出版社，2021.12
ISBN 978-7-213-10301-8

Ⅰ . ①植… Ⅱ . ①田… ②部… Ⅲ . ①植物—普及读物 Ⅳ . ① Q94-49

中国版本图书馆 CIP 数据核字（2021）第 196377 号

浙江省版权局
著作权合同登记章
图字：11-2020-059 号

植物的生存智慧：植物四季的秘密生活

［日］田中修 著　　部枫 译

出版发行：浙江人民出版社（杭州市体育场路347号　邮编　310006）
　　　　　市场部电话：（0571）85061682　85176516
责任编辑：尚　婧
策划编辑：张锡鹏
营销编辑：陈雯怡　赵　娜　陈芊如
责任校对：陈　春
责任印务：刘彭年
封面设计：琥珀视觉
电脑制版：北京弘文励志文化传播有限公司
印　　刷：浙江新华印刷技术有限公司
开　　本：710毫米×1000毫米　1/16　　印　　张：11.5
字　　数：95千字　　插　　页：1
版　　次：2021年12月第1版　　印　　次：2021年12月第1次印刷
书　　号：ISBN 978-7-213-10301-8
定　　价：58.00元

如发现印装质量问题，影响阅读，请与市场部联系调换。

序言

年复一年，植物的生命在季节的更替中不断轮回。我们看惯了季节更替时的各种景象，但并未深思过其真正意义。

为什么植物的叶子会呈现绿色？为什么大部分植物在春天开花？为什么有些植物可以在寒冬中保持常绿而不枯萎？当我们重新考虑这些问题时，就会明白植物的求生之道和生存机制。

了解这些知识之后，我们会发现植物和季节之间不同寻常的关系。例如，对于植物而言，春天是萌发的季节，许多花草树木含苞待放、舒展新叶，也就是说，春天是四季轮回中“开始的季节”。对人类而言，充满希望的春天是“开启新生活的季节”，是新的一年开始的时节。所以，春天对于植物和人类来说都是“开始的季节”。

但是，并非所有的植物都遵循这个规律。有些植物通过开花来向人们宣告春天的到来，留下种子后在炎热的夏天消失得无影无踪。对这些植物而言，春天也可以说是生命终结的季节。

夏天，植物被炽热的太阳照耀，与高温和干旱等恶劣的环境斗争。在夏日的田间，随处可见被肆虐的热浪折磨得失去了活力的叶子。夏天其实是植物“与压力战斗的季节”。

夏天的酷热让人类难以忍受，甚至宠物也有中暑的危险。但是，我们不难发现，夏生植物的原产地以热带、非洲、东南亚等炎热地区居多。它们在炎热的天气中思念着祖先出生的故土并愉快地成长着。对这些植物而言，夏天正因为热才成为最有价值的季节。

说到收获的季节，人们容易就联想到秋天，但其实很多植物都会在夏天结出果实。比如在农田或者家庭菜园里，茄子、番茄、黄瓜、苦瓜、青椒、南瓜等都在夏天结果。对这些植物而言，夏天才是“收获的季节”。

冷风吹，黄叶落，秋天也是让人心生寂寥的季节。很多植物留下种子，把生命托付给下一代，结束自己的一生。我们喜爱黄叶或红叶，但也知道它们即将落下，所以秋天是让人倍感凄凉的“终结的季节”。

但对人类而言，秋天是一个“收获的季节”。植物长出果实，秋天成为我们向植物“表达谢意的季节”。对植物而言，秋天是它们为战胜寒冬、迎接下一个春天做准备的季节。比如有的越冬芽中包含着将在春天萌发的嫩芽，有的则为在寒冬中保持常绿做准备。秋天是各种植物为了迎接下一年春暖花开的“准备的季节”。

在冬天，许多植物几乎不生长。所以冬天是植物在瑟瑟发抖中“忍受严寒的季节”。

冬天是我们人类抵御寒冷、闭门不出的季节，也是人们抵御感冒、期待尽快结束的季节。但是，在大自然中，有很多植物正因为受到寒冷的侵袭，才能做好迎接春天的准备。如果植物不亲身体验这种寒冷，即使春天到来，也会有很多植物既不能发芽，也不能生出叶子，更不可能开花。

对于这些植物而言，冬天的严寒才是它们能够在春天苏醒的必要条件。在没有任何准备的情况下，即使气候变暖，植物也不可能发芽、生长、开花。植物想要在春天苏醒，就得提前做好充足的准备。冬天因此也成为“准备的季节”，即为了迎接轻盈的春天而“奠定基础的季节”。

季节变化使植物呈现不同的景象。本书按照春、夏、秋、冬四季的顺序，围绕各个季节所能观察到的植物景象展开提问。

希望大家能够通过本书探究不同季节中植物生命活动的原理和意义，理解植物随着季节交替而发展变化的一生。我也很荣幸能将植物生命活动中潜藏的秘密和机制以及植物终其一生努力生存的方式介绍给大家。

关于书中提供的正确答案，也许你认为有的地方“并非如此”或“存在其他情况”（当然，任何事物都有例外），所以书中给出的答案仅供大家参考。

最后，对拨冗阅读本书并提出宝贵意见的日本国立农业科研机构总部、企划战略总部研究推进部项目推进室的 AKIRI 亘博士，以及从策划到出版的过程中给予我诸多帮助的编辑田上理香子女士表示衷心的感谢。

田中修

目录

夏之篇

秋之篇

冬之篇

植物四季启示录

春的启示

- 生命轮回又一春
- 为种族存续而奋斗
- 种子的蓄势待发
- 叶子有“辨光”能力

夏的启示

- 耐热植物多起源于热带
- 树叶“出汗”有其意义
- 活性氧对人类和植物都有害
- 不靠“争夺”土地的生存之道

秋的启示

- 产生黄叶和红叶的原理各异
- 一叶落知天下秋
- 千方百计御寒冬
- 春天萌芽的球根“谨小慎微”

冬的启示

- 冬天不只有寒风刺骨
- 一种现象，两阶段机制
- 鲜切花会呼吸
- 樱花盛开的背后是一整年的努力

春之篇

1 大部分植物每年都会开花。一到春天，气候变暖，植物们就迫不及待地绽放它们的花朵。那么，为什么大部分植物在春季开花？

A．因为蜜蜂和蝴蝶等昆虫开始活动

B．因为炎热的夏天快到了

C．因为寒冷的冬天已经过去了

（正确答案和解释详见第 2 页）

2 自古以来，在大自然中，各种植物开花的季节是固定的。那么，春季开花的植物是通过什么现象感知春天到来的？

A．通过蜜蜂和蝴蝶等昆虫的活动来感知

B．通过天气变暖来感知

C．通过白天变长、夜晚变短来感知

（正确答案和解释详见第 4 页）

3 大部分植物在种子发芽后不断生长，变得枝繁叶茂，不久就会开花。那么，没长叶片却能开花的植物存在吗？

A．不可能存在

B．还没有找到，但有可能存在

C．并不稀奇，这样的植物有很多

（正确答案和解释详见第 6 页）

1. 为什么大部分植物在春季开花？

正确答案：B 因为炎热的夏天快到了

大部分植物在春季开花。如果不深入思考这一现象，人们很容易认为是因为蜜蜂、蝴蝶等昆虫开始活动了，或是因为寒冷的冬天已经过去，气温变得正合适。

但是，如果我们换个角度思考，植物开花的目的是什么？答案是为了结出种子。因此，“为什么大部分植物在春天开花”，换句话说即“为什么大部分植物在春天结出种子”。

种子有很多重要的作用，其中之一就是在严峻的环境里保持生存状态。种子可以避开酷暑、严寒和干燥等恶劣环境。

对于怕热的植物来说，每年都会遇到的严峻考验就是夏天的炎热，它们只有以种子的形式才能度过难以生存的夏天，所以必须在春天长出花蕾，通过绽放花朵结出种子，进而达成生命的延续。因此，大部分植物会在春季开花。

在夏天，因为绿色植物众多，那些在春天过花的植物并不显眼。比如，油菜花、郁金香、康乃馨等众多在春天开花的植物，在夏天就很难见到。

春天，许多种子发芽，树叶也长出嫩芽，给人一种生命复苏的印象。但是，对于那些在春天开花的植物来说，如图1-1所示，开花则意味着它们一生的结束。所以说“春天是它们终止生命活动的季节”。

从蜜蜂和蝴蝶嬉戏的景象中很难想象，春天是许多花草留下种子后消失的季节。对于那些植物来说，春天并不是一个温暖、欢畅的季节。

油菜花

菠菜花

鱼腥草

康乃馨

图1-1　在春天终止生命活动的植物

2. 春季开花的植物是通过什么现象感知春天到来的呢？

正确答案： 通过白天变长、夜晚变短来感知

植物在春季开花，是为了以种子的形态抵御夏天的炎热。这样一来，它们就必须在酷暑到来前的春季绽放，如图 1–2 所示。

图 1–2 入夏前结出种子的油菜花

我们明白了这个道理，同时也可能产生很大的疑问：“春季开花的植物，能提前感知夏天即将到来吗？”答案是“能”。

明确了这个答案，下一个问题就出现了：“这些植物是怎么提前感知炎热的夏天即将到来的呢？”答案是“用叶片测定夜晚的长短”。

接下来的问题是：“通过测定夜晚的长短就能够提前知道酷暑的到来吗？”答案是“能”。请试着考虑一下夜晚的长短与气温变化的关系。

过了冬至日，夜晚开始渐渐变短。夜晚最短的一天是夏至日。与此相对应，北半球最热的是 8 月。相比于气温的变化，夜晚长度的变化大约提前了两个月，如图 1–3 所示。

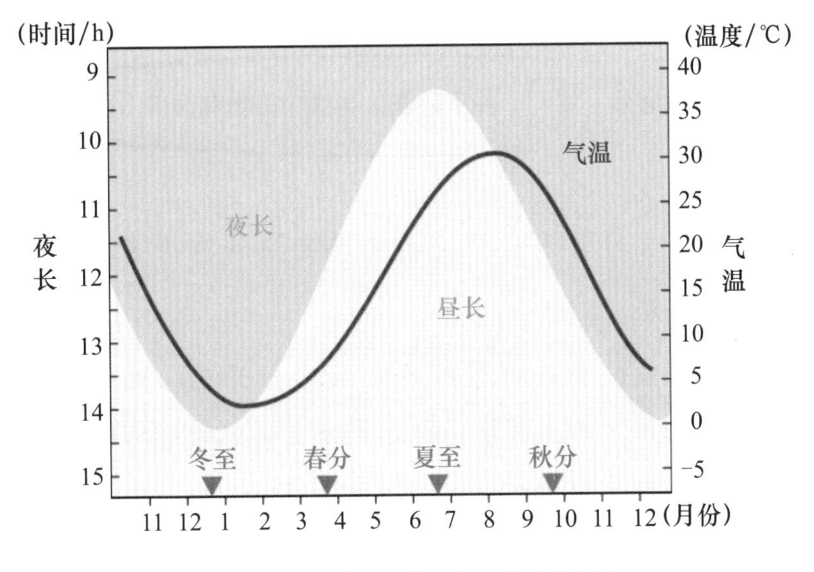

图 1-3　一年中昼夜长短与气温的变化图

因此，植物用叶片测量夜晚的长短，大约可以提前两个月得知酷暑的到来，所以问题的正确答案是“通过白天变长、夜晚变短来感知”。但是，白天和夜晚的长度哪个更重要呢？其实，植物主要通过夜晚的长短来感知季节，由前面讲的内容也可以推理出来。

3. 没长叶片却能开花的植物存在吗？

正确答案： 并不稀奇，这样的植物有很多

春天，在叶片长出来之前开花的植物有很多，比如乌梅、桃、辛夷、牡丹等。

但大多数植物在枝繁叶茂之后才会开花，这是为什么呢？一般来说，开花之后，种子和果实就会长出来，它们所需的营养是通过叶片获得的。因此，叶片在开花前会先长出来，以便储存营养。

也就是说，对于那些仅开花便具备长出果实所需营养的植物来说，在长出叶片之前就可以开花了。春天开花的植物，其实在树干、树枝和树根里已经储存了所需的营养。

许多樱花树在长出叶片之前就会开花，例如染井吉野樱。这种树在春天会发两种芽，一种是叶芽，另一种是花芽。先萌发的是花芽，原因是，比起叶芽，花芽能够更快地在低温环境下生长。

这个特性正好能够说明在“樱花锅”（一种日式传统火锅）中使用马肉的原因。在表示赛马中到达顺序的微妙差别时，马头和马脖子长度的距离差被称为“头差”和“颈差”；比头差还要小的差距被称为“鼻差”，意思是只有马鼻子大小的差

距。在这里之所以使用“鼻差”这个词表示差距很小，是因为马的鼻子比嘴巴更靠前，所以最先通过终点线的是鼻子。也就是说，在马的脸上，鼻子比嘴里的牙齿更靠前。

马和樱花的共同点是“鼻子（花）比牙齿（叶）更靠前”，这就成了马肉适合放入樱花锅的理由。

---

4 一到春天，很多默默等待着温暖到来的树木就会迫不及待地绽放花朵（如图 1-4 所示），而在花开之前一定会先培育出花蕾。那么，春季开花的树木什么时候会长出花蕾？

A．前一年的花开后的夏天

B．开花前三个月，寒冷的冬天

C．开花前一个月左右，气候开始变暖的时候

（正确答案和解释详见第 9 页）

图 1-4　盛开的樱花

5 松树、杉树、银杏等是没有花瓣的开花植物，被称为“裸子植物”。在此之后进化发展的是“被子植物”，这类植物的花朵因为颜色漂亮、花瓣形状显眼而广为人知。那么，没有花瓣却仍能开花的被子植物存在吗？

A．没有这种植物

B．很少见，在日本一般看不到

C．并不稀奇，这样的植物有很多

（正确答案和解释详见第 **11** 页）

6 植物一旦开花，就会结出种子。特别是对树木来说，它们往往能活很多年，而且几乎每年都会开花并结出种子，甚至说“树木开花是为了结出种子”也不为过。那么，能够开花但不结种子的植物存在吗？

A．有，但已经灭绝了

B．很少见，可能有

C．这样的植物在我们身边有很多

（正确答案和解释详见第 **13** 页）

4. 春季开花的树木什么时候会长出花蕾？

正确答案：A 前一年的花开后的夏天

春季开花的植物有很多，比如牡丹、乌梅、桃、山茱萸等。如表 1-1 所示，它们基本都是在开花前一年的夏天到秋天长出花蕾。

表 1-1　春季开花的植物及其花蕾形成的时期

植物名称	花蕾形成的时期
木兰	5 月中旬
樱花	7 月上旬
杜鹃	7 月下旬
乌梅	7 月下旬
桃	8 月上旬
山茱萸	9 月上旬

例如，樱花的花蕾就是在开花前一年的夏天（7～8月）产生。春季开的花，花蕾在前一年的夏天就能形成，这并不是樱花独有的特性。

那么，这也产生了“夏天形成的花蕾为什么不能继续在秋天开花”的疑问。这是因为，如果秋天开花，种子在寒冷的冬天不能育苗，自然也不会留下后代，这样种群就会灭亡。

因此，这些树木为了保护好不容易才长出来的花蕾，会在秋天长出“越冬芽”。越冬芽也被称为“冬芽”，它是为了抵御冬天的寒冷而生的芽。花蕾被越冬芽包裹着，忍受着冬季的严寒，等待春天的到来。

如果说植物在秋天开花，不久后就会进入寒冷的冬天，无法结出种子，也就留不下后代，那么我们会有疑问：“菊花等植物不是从夏天到初秋形成花蕾，然后在秋天开花吗？”这是因为菊花等植物从开花到形成种子所需的时间很短。因此，即使在秋天开花，它们也能在寒冷的冬天到来前，完成种子的培育，进而繁衍后代。

木兰、乌梅、桃、山茱萸等，它们都因在春天开花而备受人们喜爱。这些树木也和樱花一样，在前一年的花期刚刚结束时就马上开始为下一年的开花做准备。在春季开花的花木类植物，几乎都是从一年前就开始做开花准备的。

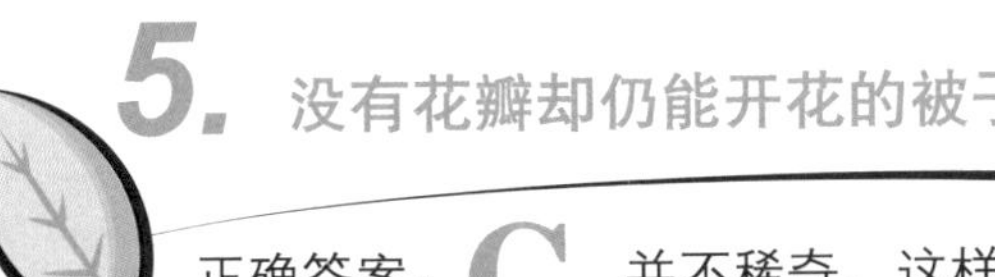

5. 没有花瓣却仍能开花的被子植物存在吗？

正确答案：C 并不稀奇，这样的植物有很多

花瓣颜色鲜艳美丽的被子植物有很多种类，这些植物可按其特征的相似程度进行分类。许多被子植物所属的类别是众所周知的，如蔷薇科、菊科、豆科等。

蔷薇科的植物有樱花、乌梅、桃等，菊科植物有蒲公英、向日葵、波斯菊等。这些植物的花都有着公认的漂亮花瓣。豆科的植物有大豆、花生、芸豆等，虽然它们的花朵不大，但是颜色和外形不逊色于其他植物。

蔷薇科、菊科、豆科等植物拥有漂亮的花瓣，对蜜蜂和蝴蝶充满吸引力。但是，没有花瓣仍然能够开花的被子植物也很多，它们的数量也不少于这三类大群体。

这时我们会有疑问："它们虽然可能属于某个大群体，但是这类植物会不会结不了太多的种子？"答案是否定的，甚至说"我们人类依靠这些植物的种子生存"也不为过。

作为我们主食的三大谷物——水稻、小麦、玉米就是这些植物的种子，它们都是禾本科植物。

禾本科植物的范围很广，大麦、甘蔗、竹芋、稗子、谷子、雪柏、芒草、狗尾草等都被包含其中。禾本科的植物与

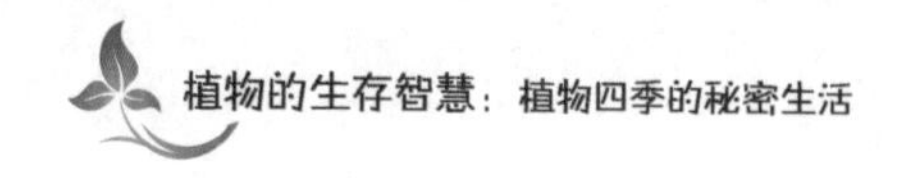

蔷薇科、菊科、豆科的植物一样，都是最繁荣的被子植物的一分子。

禾本科的植物没有吸引昆虫授粉的花瓣，如图1-5所示，所以它们繁衍后代的手段与其他植物不同，它们花粉的移动不是靠蜜蜂或蝴蝶来进行，而是依靠风。

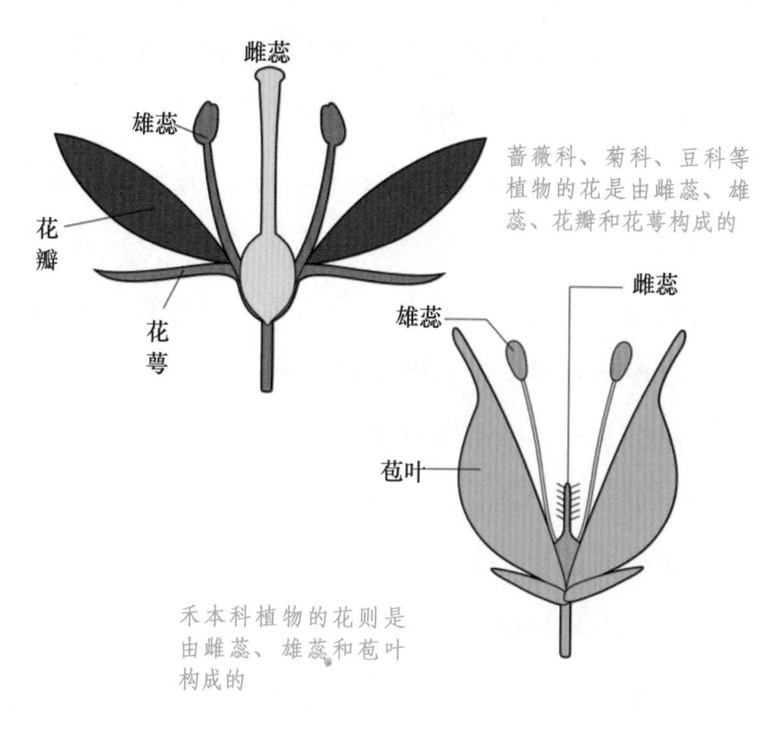

图1-5　花的基本结构（示意图）

6. 能够开花但不结种子的植物存在吗？

正确答案： 这样的植物在我们身边有很多

能够开花但是不结种子的无子植物有很多，究其原因也是十分多样的。在我们身边就有这样一类让人觉得不可思议的植物，它们明明开花了，却结不出种子来。这些植物分为只开雄花的雄株和只开雌花的雌株，也被称为“雌雄异株”。

这些植物包括银杏、花椒、猕猴桃、菠菜和芦笋等。例如，银杏的雌株可以长出作为种子的白果，而雄株即使开花，也结不出种子。

这种种子只能生长在雄株或雌株其中一方的现象通常被认为是不利的繁衍条件。那么，人们就会产生一个疑问：“如果一朵花既有雄蕊又有雌蕊，就不会产生这种不利的情况，但是为什么有的花会分出雄株和雌株？”

其实许多植物的花同时具有雄蕊和雌蕊。但是，这些植物大多不希望通过把自己的花粉授粉在同一朵花中的雌蕊上（自花授粉）的方式来培育种子（后代）。

这是因为，如果植物自身带有对某种疾病抵抗力弱的特性，那么通过自花授粉，这种特性就会遗传给后代。因此，

如果一直通过自花授粉培育果实，那么整个种族对这种疾病的抵抗力就会变弱。一旦这种疾病流行，整个种族可能会全军覆没。所以，通过自花授粉繁殖的后代一般是不会健康繁盛的。

无论植物还是动物，把雄性和雌性分开来，这样繁衍就可以通过雄性和雌性相互混合不同的特性，从而产生具有各种不同特性的后代。雌雄异株的植物也是通过将雌雄株个体分别具有的特性混合在一起，产生具有不同特性的强壮后代。

这些具有不同特性的植物后代，如图 1-6 所示，在各自不同的环境中，总会有一些能够生存下来。

能开出两性花（具有雄蕊和雌蕊的花）的植物

→ 牵牛花、百合、桔梗、红花、木兰、辛夷、紫茉莉等

雌雄同株的植物（雄花和雌花长在同一株植物上）

→ 黄瓜、苦瓜、西瓜、南瓜、杉树、松树、栗子、玉米、秋海棠、羊蹄等

雌雄异株的植物（雄花和雌花分别长在不同株的植物上）

→ 银杏、花椒、猕猴桃、桑树、青木、柳树、虎杖、芦笋、菠菜、款冬等

银杏的雄花

银杏的芽和雌花

银杏的种子白果

图 1-6　种子植物的性别区分

7 一般来说，花粉附着在雌蕊顶端，就会产生种子。但是，种子却不生长在雌蕊的顶端，而是长在雌蕊的基部。那么，为什么种子会长在雌蕊的基部？

A．昆虫会在靠近花蜜的雌蕊基部授粉

B．花粉中类似于动物精子的精细胞，会自己从雌蕊的顶端游向基部的卵细胞

C．花粉萌发形成花粉管，其中的精细胞会移动到卵细胞所在的雌蕊的基部

（正确答案和解释详见第 17 页）

8 植物有着即使把自己的花粉授粉在自己的雌蕊上，也不会产生种子的特性，很多果树都具有这种特性。在果园里，果农会借助其他品种的花粉进行人工授粉。那么，为什么人工授粉要用其他品种的花粉？

A．使用其他品种的花粉，能够早日收获果实

B．使用较甜的品种的花粉，果实会变甜

C．使用同一品种的花粉，和使用自己花粉的效果相同

（正确答案和解释详见第 19 页）

9 人工授粉时，通常要使用其他品种的花粉。梨（如图 1–7 所示）、苹果、樱桃等果树其实也有各种各样的品种。那么，人工授粉时使用的花粉品种不同，果实的味道会有所不同吗？

A．因品种的不同而不同

B．不会

C．要看具体的特性，不能一概而论

（正确答案和解释详见第 **21** 页）

图 1–7 梨的人工授粉

7. 为什么种子会长在雌蕊的基部？

正确答案：C 花粉萌发形成花粉管，其中的精细胞会移动到卵细胞所在的雌蕊的基部

许多植物的生殖方式和动物一样，雌蕊拥有的卵细胞和花粉中的雄性精细胞（相当于动物的精子）结合在一起，从而培育后代（种子）。

卵细胞不在伸长的雌蕊的顶端，而是在雌蕊的基部。因此，附着在雌蕊顶端（被称为“柱头”）花粉中的雄性精细胞，为了和卵细胞结合，就必须移动到雌蕊的基部。

动物的精子有鞭毛，可以像游泳一样自己靠近卵细胞。但是，植物花粉中相当于精子的精细胞，不具备自己游到卵细胞的能力。

也就是说，花粉即使附着在雌蕊上面，为了长出种子，精细胞也必须有到达卵细胞的方法。

因此，花粉一接触到雌蕊，就会伸出一根叫作“花粉管”的管子，如图 1-8 所示。花粉管可以伸长到雌蕊基部紧靠卵细胞的旁边，使花粉中的精细胞移动到卵细胞，在那里，精细胞才能和卵细胞结合。因此，种子会长在有卵细胞的雌蕊的基部。

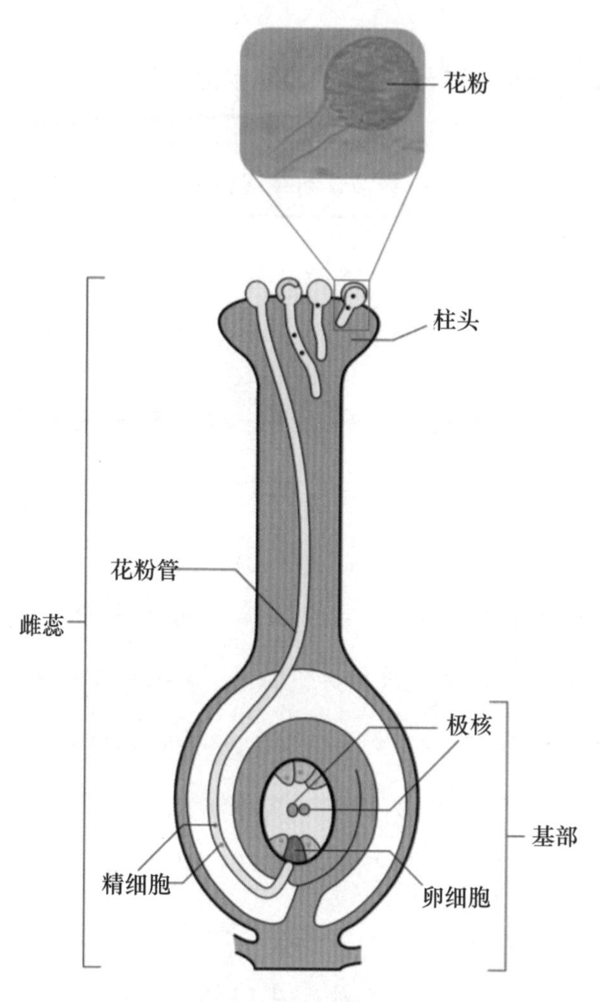

图 1-8　从花粉中伸出的花粉管（示意图）

归根结底，精细胞为了和卵细胞结合，就必须从花粉中伸出花粉管。如果花粉管不伸长，花粉即使附着在柱头上，种子也不会诞生。

8. 为什么人工授粉要用其他品种的花粉？

正确答案： 使用同一品种的花粉，和使用自己花粉的效果相同

自己的花粉即使附着在自己的雌蕊上也不会产生种子，这种特性被称为“自交不亲和性”。我们了解了这个特性，对于人工授粉就会产生一个疑问。

在果园里，相邻的相同品种的植株，如果自己的花粉不行，那么旁边植株的花粉总可以了吧？但其实旁边植株的花粉也没用。只要想一想相同品种的植株是如何繁殖的，我们就会明白其中的原因了。

果园里相同品种的果树不论有多少株，在颜色、形状、味道、香气、大小等方面，都必须培育出相同品质的果实。不仅仅是一个果园，无论在哪个果园，只要种植的是同一个品种，那么其颜色、形状、味道、香味、大小都必须相同。正因为如此，消费者才会放心地购买此类“品牌”或“品种”。

为了培育出这种品质稳定的果实，同一品种所有的植株在遗传上必须具有完全相同的特性。为此，必须用嫁接的方法来增加植株（如图 1–9 所示）。

通过嫁接方式繁殖的植株，完全保持母本遗传特性。同一品种植株的花粉和自己的花粉一样，附着在雌蕊上也不能

长出种子、结出果实。所以，人工授粉必须使用其他品种的花粉。

另外，自交不亲和性这个特性会因为品种的不同，导致其强弱程度有所差异。特性强的品种，自己是无法单独长出果实的；而特性弱的品种，有时利用自己的花粉也能长出果实。

不具有自交不亲和性或者自交不亲和性极弱的品种，具有“自交可育性”。这种情况下，一株也能结果。但是自交不亲和性弱的品种，即使一株也能结果，在多数情况下，如果接受其他品种的花粉，会结出更多的果实。

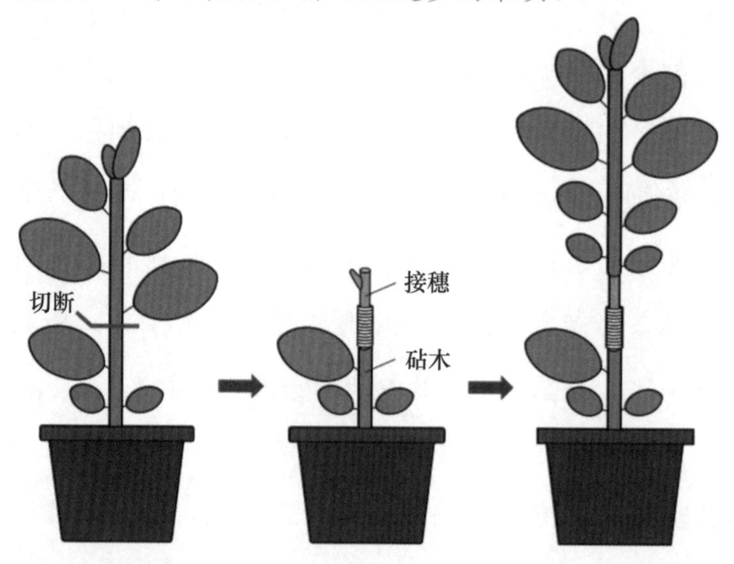

嫁接是将两棵植株连接成一株的技术。在作为砧木的植物的茎或枝上切口，然后把另一株称作接穗的其他植株的茎或枝插入接口，使其愈合生长在一起

图 1-9　嫁接的方法

9. 人工授粉时使用的花粉品种不同，果实的味道会有所不同吗？

正确答案：**B** 不会

人工授粉时会使用其他品种的花粉。梨、苹果、樱桃等果树有各种各样的品种。因此，有人会产生这样的疑问："根据人工授粉的花粉品种的不同，果实的味道会改变吗？"

例如，给"富士"苹果分别授予"津轻"品种的花粉和"王林"品种的花粉后，"富士"的味道会改变吗？

苹果的种子长在果实中央的芯的部分，人工授粉的花粉的特性可以进入种子里。但是，可食用的部分与种子无关，它是由支撑花的花托部分膨大生成的，如图 1-10 所示，而花粉的特性是不能进入这个部分的。因此，即使人工授粉的花粉种类不同，果实的味道也不会发生改变。

图 1-10　苹果的果实

人工授粉中使用的花粉的特性，不体现在果实上，而是体现在种子里。因此，它的特性通过种子发芽后的萌芽表现出来。这就是即使播下"富士"果实里的种子也长不出"富士"的原因，弄清楚这个问题就更能加深对上述现象的理解了，如图 1-11 所示：

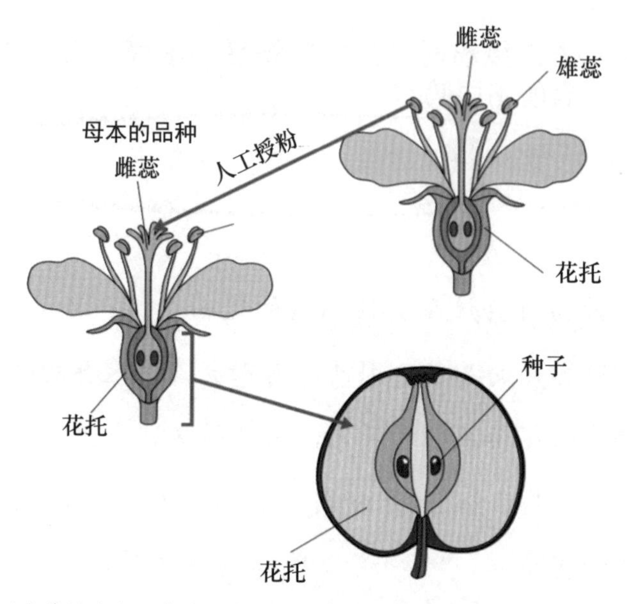

因为苹果自交不亲和，所以人工授粉的花粉使用别的品种。因此，长出来的种子混合了两种品种的特性。从种子中培育出来的植株和母体不一样

图 1-11 苹果的花和果实（示意图）

因为“富士”果实中含有的种子是“富士”果树结出的种子，所以它的母本是“富士”。然而，提供花粉的父本却是别的品种。因此，这两者结合产生的种子，混合着两个品种的特性。从种子里培育出来的植株，虽然和“富士”很像，但却不是“富士”。因此，即使把它的种子播撒培育，也不能长出和“富士”一样的果实。

10 “即使不播种，杂草也会发芽”是真的吗？

A．这种事情不可能有

B．虽然少见，但有可能发生

C．并不稀奇，这种事情经常发生

（正确答案和解释详见第 24 页）

11 春天天气变暖，很多杂草会发芽。为什么有很多杂草在春天发芽？

A．因为太阳光照强度适宜植物进行光合作用

B．因为快到夏天了，杂草能很好地进行光合作用

C．因为杂草感受到严冬的寒冷

（正确答案和解释详见第 26 页）

12 在我们的人生中如果出现了值得用“发芽”来形容的事情，我们会很开心。植物也一样，发芽意味着接下来的成长、开花与结果（如图 1-12 所示）。那么，有没有促进植物发芽的物质？

A．没有那样的物质　　B．赤霉素

C．生长素　　D．脱落酸

（正确答案和解释详见第 29 页）

图 1-12　植物发芽

10. “即使不播种，杂草也会发芽”是真的吗?

正确答案：C　并不稀奇，这种事情经常发生

自古以来，人们都会有这样的印象：明明没播种，杂草却总能在意想不到的地方长出来。因此，以前人们一直认为，即使不播种，杂草也会从腐烂的土壤中随意生长出来。“腐烂的土壤”是指含有养分的潮湿土壤，比起干燥的土壤，似乎更容易长出杂草来。

现在大家都知道，通常在什么都没有的地方，植物是不能生长的，因此，没有种子应该不会发芽。但实际上，即使没有播撒种子，植物也会发芽的情况有很多。

即使不播种，杂草也会长出来，这种现象中，有些情况是种子被隐藏了起来，但并不是刻意隐藏，而是因为杂草结出的种子有着向“意想不到的地方”移动的特性。

例如，蒲公英在开花后，会结出乒乓球大小的茸毛团，每一根茸毛中都含有一颗种子，它们随风飘散。酢浆草果实裂开时会有种子飞散出去。苍耳子和牛膝，含有种子的果实附着在动物身体上，随着动物的迁徙实现种子的四处传播，如图 1–13 所示。

但是，很多植物的种子即使经过移动落地，也不会马上在那个地方发芽。有的是因为在其他植物的阴影下不能发芽，有的是因为干燥缺水不能发芽，还有的是因为温度不适合发芽，等等。但是种子会一直在原地等待适合自己发芽的机会。

像这样，很多杂草的种子广为传播，在新的地方等待着发芽的机会，当机会到来的时候，它们就会不失时机地发芽。因此，就出现了即使不播种，杂草也会发芽的现象。

蒲公英

苍耳子

牛膝

图 1-13　种子会移动的植物

11. 为什么有很多杂草在春天发芽？

正确答案： C　因为杂草感受到严冬的寒冷

一到春天，原野和田埂上，各种各样的杂草都在发芽。

这些种子冬天应该也在同一个地方，但却没有发芽。发芽所需的三个条件之一是“适当的温度”。所以，要说种子为什么在寒冷的冬天不发芽，如果能从冬天的低温不适合发芽这个角度去考虑，那么“在变暖的时候，种子被温暖的阳光吸引而发芽”这个现象就容易理解了。

因此，如果我们问杂草的种子为什么会在春天发芽呢，马上就会得到“因为天气变暖了呀！”的回答。回答的人肯定会一脸惊讶地说：“为什么要特意问这种理所当然的事情呢？”

因为天气变暖而发芽，这是个不争的事实。所以，这个回答并不算错。但是，总感觉这个答案缺了点什么。究其原因，是因为没有提及种子为了能够在春天发芽而经受的煎熬。

如果只是因为春天的温暖而发芽的话，那么杂草在秋天发芽也不奇怪，因为春天和秋天的温度差不多。但是，如果在秋天发芽，即将到来的冬天的寒冷就会导致萌芽不能生长。因此，如果没有确认经过了寒冷的冬天，种子就不会发芽。

自然界中在春天发芽的种子，冬天都在泥土中默默感受着寒冷。它们一边忍受着冬天的严寒，一边等待着可以发芽的季节的到来。为了发芽，它们必须忍受这种辛苦。

答案选项中出现的“A 因太阳光照强度适宜植物进行光

合作用”和“B 因为快到夏天了，杂草能够很好地进行光合作用”这两个条件，在种子发芽后也是非常重要的。但是，在此之前，如果种子感觉不到严冬的寒冷，就一定不会发芽。所以，种子在春季发芽，正是因为经受了冬季的严寒，如图 1-14 所示：

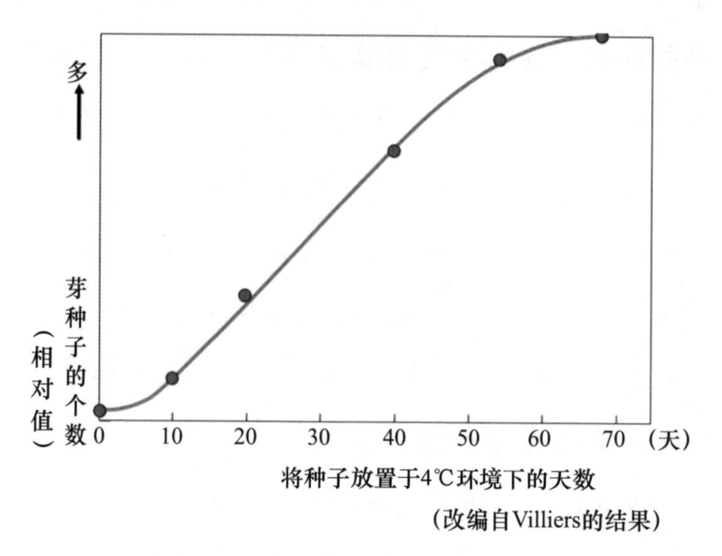

图 1-14　经受了不同低温时长的苹果种子发芽数

12. 有没有促进植物发芽的物质？

正确答案：B 赤霉素

通常种子发芽所需的三个条件是：适当的温度、水和空气（氧气）。例如大豆、芸豆、萝卜等植物的种子，只要满足这三个条件，很容易就会发芽。

然而，即使具备这三个条件，也有很多种子不会发芽。例如，在漆黑的地方，即使种子发芽了，也会因为不能进行光合作用而无法生存，所以很多种子不会发芽。秋天结出的种子也不会马上发芽，因为萌发的芽会受不了冬天的寒冷而无法生存。

像这样具备发芽的能力，即使满足发芽的三个条件也不发芽的种子的状态，被称为“休眠”。但是，一种叫赤霉素的物质，能够让休眠的种子发芽。例如，生菜和车前草等的种子，如果不受阳光的照射，就不会发芽，但是如果给它们施以赤霉素，它们就能发芽。另外，桃子、玫瑰、苹果等植物的种子不经历寒冷就不会发芽，但赤霉素能让这些种子即使不经历寒冷的天气也能发芽。

赤霉素促进种子发芽的原理通过水稻、小麦、大麦等禾本科植物为人们所熟知。禾本科植物的种子主要由三个部分

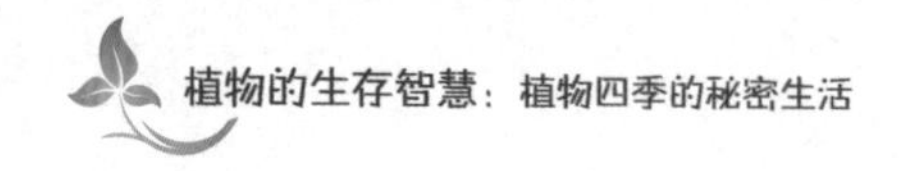

组成：发育成芽或根的“胚”、含有大量淀粉的“胚乳”，以及包围着胚乳的“糊粉层”。

胚乳中含有的淀粉被一种叫作淀粉酶的物质分解后生成葡萄糖，它是一种发芽时芽部和根部生长所必需的能量物质。而制造这种淀粉酶的，正是赤霉素。

赤霉素通过胚生成，然后移动到糊粉层，促进淀粉酶的合成。糊粉层包围着胚乳，在那里形成的淀粉酶被分泌到含有淀粉的胚乳并发挥作用。通过淀粉酶的作用，淀粉被分解成葡萄糖，葡萄糖产生发芽所需的能量，从而促使种子发芽。图解如图 1–15 所示：

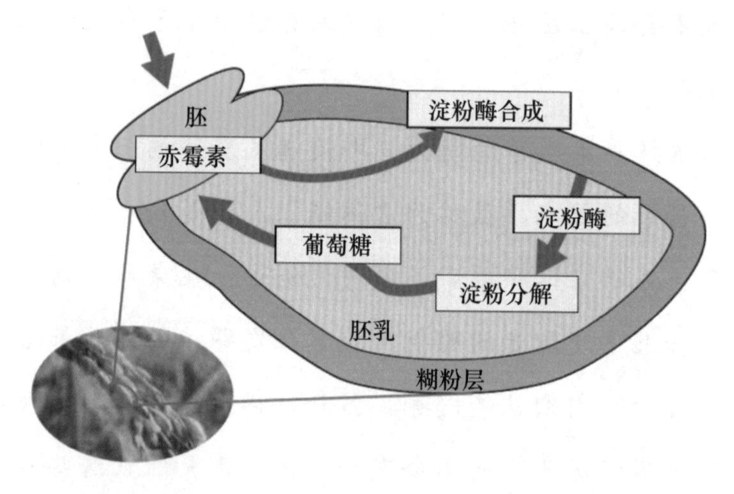

图 1–15　赤霉素促进种子发芽的原理图

13 种子一旦发芽，芽就会向上生长。芽有向光生长的特性，所以在光照下芽会向上生长。但是，在地下或是没有光照的地上，芽也会向上生长。那么，为什么种子一旦发芽，即使在一片漆黑中，芽也会向上生长？

A．因为芽从种子的上端出现，然后笔直向上生长

B．因为芽有朝与重力相反的方向生长的特性

C．因为芽会朝干燥的方向生长

D．因为芽会朝土壤少的方向生长

（正确答案和解释详见第 33 页）

14 为什么种子一旦发芽，即使在一片漆黑中，根也会向下生长？

A．因为根从种子的下端出现，然后笔直向下生长

B．因为根有避光的特性

C．因为根有朝重力方向生长的特性

D．因为根会朝土壤多的方向生长

（正确答案和解释详见第 35 页）

15 家里的柱子大多是四角柱，根据建筑物的不同，也有圆柱形的，如图 1-16 所示。筷子的横断面有的是圆形的，也有四边形的。那么，植物的茎呢？很多植物的茎横着切断，其断面几乎都是圆的。因此，人们认为茎是圆的。那么，有没有茎的横断面呈三角形或四边形的植物？

A．茎的横断面基本都是圆的，没有三角形或四边形的

B．没有三角形的，但有四边形的

C．有三角形的，但没有四边形的

D．三角形的和四边形的都有

（正确答案和解释详见第 **37** 页）

图 1-16　粗圆木材和加工成四角柱的木材

13. 为什么种子一旦发芽，即使在一片漆黑中，芽也会向上生长？

正确答案：**B** 因为芽有朝与重力相反的方向生长的特性

植物由于外界因素的刺激会产生定向的运动，这种运动的方向被刺激的方向支配的特性，被称为“向性”。譬如，芽会向着光照射来的方向弯曲伸长的特性就是“向性”。通常我们把引起向性刺激的事物放在“向性”这个词中进行表示，光刺激可引起植物向性运动，称为“向光性”。

我们把光从植物上方照射过来，使得芽向上生长的现象，表述为“芽是因为其向光性从而向上生长”是无误的。但是，在没有上方光照的漆黑环境中，芽也是向上生长的。例如，豆芽被栽培在漆黑的盒子中也会向上生长。此外，埋在土壤里的种子发芽后，即使在漆黑的土壤中，芽也会朝着地面向上生长。

芽具有分辨上下的能力。这一点可以通过以下实验进行验证。从土中取出刚刚冒出的嫩芽，水平横置在漆黑的环境中。不久后茎的顶端就会向上弯曲，芽开始向上生长。但是，在航天飞机和国际空间站内部等几乎没有重力的地方，芽是不会向上生长的。也就是说，芽能感受到重力而向上生长。所谓重力，就是物体由于地球的吸引而受到的力。因为芽具有感受重力，然后向与重力相反的方向生长的特性，所以芽会向着与重力方向相反的方向，也就是向上生长。

芽向上生长，就是因为对地球重力这个外界刺激所产生的反应。根向着重力的方向生长被称为“向地性”，但是，芽向与重力相反的方向生长的特性，则需在前面加上一个“反”字，即“反向地性”。

由此可见，芽具有“向光性”和“反向地性”两种特性。植物其实还具有其他的各种向性，如表 1–2 所示：

表 1–2　植物的芽具有各种各样的向性

刺激	性质	例	
重力	向地性 反向地性	根（正），茎（反）	重力
光	向光性 反向光性	根（反），茎（正）	光
接触	向触性	接触卷须（正）	支架等
水	向水性	根（正）	水
化学物质	向化性	花粉管（正）	（如图 1–8 所示）

14. 为什么种子一旦发芽，即使在一片漆黑中，根也会向下生长？

正确答案：C 因为根有朝重力方向生长的特性

植物萌发的根，必定会向下生长。它不会代替芽冒出地面。对于种子来说，发育成根的部位是确定的，种子被播撒的时候，这个部位无论朝上还是朝下，从中长出来的根都是向下生长的。

众所周知，根具有避开光照并向与光照相反的方向生长的特性。这与芽向光生长的“向光性”相反，被称为“反向光性”。因此，根向下生长的理由之一，是由于根具有“反向光性”。但是，即使在一片漆黑中，根也会向下生长。因此，根向下生长，不仅仅是因为“反向光性”。

根也具有感受重力、向重力方向生长的特性。例如，在一片漆黑中，将植物的芽从土壤中取出，然后水平横置，根的顶端不久就会向下弯曲，接着向下生长。这是根对于重力的反应，所以被称为“向地性”。因此，根朝下生长的另一个原因就是“向地性”。

最终我们得出一个结论，根向下生长的现象，是受“反向光性”和“向地性”两个特性支配的。另外，近年来“根具有向水性，从而向水分方向生长”这种说法也由于以下三种根据而被认可：

第一，根会向着有水的方向生长。譬如，如果埋在土中的排水管出现裂缝而漏水，那么可以观察到很多植物的根向着裂缝方向生长的现象。

第二，使用感觉不到重力的拟南芥（又名鼠耳芥，一种极其适合作为实验研究对象的模式植物）突变体进行实验，发现其根部向着土壤深处含有更多水分的方向生长。

第三，国际空间站的实验。在没有重力的环境中，拟南芥发芽之后，根是向下生长的。这是因为实验时在萌芽下面放置了含有水分的石棉。这里所说的石棉，指的是一种将岩石进行加工，使之含有水分的材料。根在无重力的情况下，为了寻求石棉中含有的水分而向其生长，如图 1–17 所示：

从 2010 年开始，国际空间站利用拟南芥进行了各种各样的实验

图片：NASA/
Dr. Anna–Lisa Paul

图 1–17　在国际空间站里进行的拟南芥栽培实验

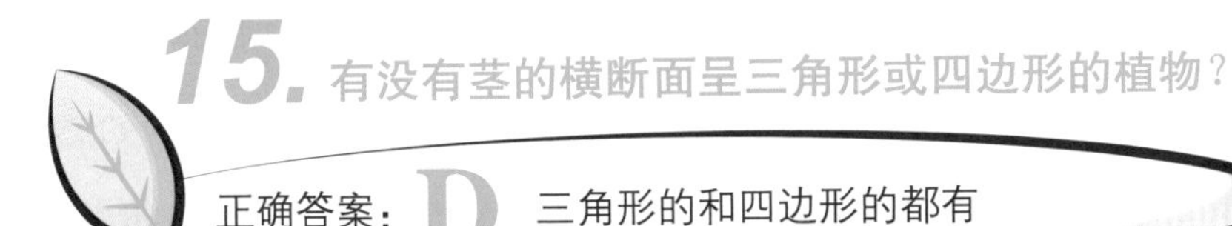

15. 有没有茎的横断面呈三角形或四边形的植物？

正确答案：D 三角形的和四边形的都有

小学和中学的理科教科书中有描绘茎的横断面的图。为了展示茎的构造，教科书中往往使用的是圆形横断面的图。另外，很多人都有“迄今为止接触过的植物茎的横断面都是圆的”这样的印象。

因此，“所有植物的茎的横断面都是圆形的”很容易被认为是正确的说法。但是，茎的横断面呈四边形的植物也是存在的。可能你会认为这些都是“稀有植物”，然而，事实并非如此。

其实茎的横断面不是圆形的植物有很多，只是我们没有特别注意到。比如用来配生鱼片的青紫苏（如图 1–18 所示）、制作梅干时使用的红紫苏都拥有四边形的茎。另外，唇形科植物的茎都是四边形的。这时，可能有人会想：“哪些植物属于唇形科呢？”其实，我们身边的唇形科植物都

图 1–18 青紫苏茎的横断面

是比较容易辨认的，因为它们都和紫苏拥有相同的特征。

紫苏由于可以散发香味，故属于香草的一种。香草的意思是“有香味的草”或是“药草”。之所以它能称得上是药草，是因为它的香味成分具有药效。

茎的横断面呈现明显三角形的植物也是有的，比如短叶茳芏、碎米莎草、夹竹桃等。

茎的横断面呈不同形状的植物举例如图 1-19 所示：

茎的横断面呈四边形的植物	
●薰衣草、迷迭香、薄荷、荷兰薄荷，以及春天开花的宝盖草和小野芝麻都属于唇形科植物，它们茎的横断面是四边形的	 迷迭香
●唇形科以外的植物，也有茎的横断面呈四边形的。拉拉藤、紫阳花、牛膝等，将这些植物的茎切开，观察其横断面可以看到是明显的四边形	 拉拉藤

茎的横断面呈三角形的植物	
●茎的横断面呈明显三角形的植物，如短叶茳芏、碎米莎草、夹竹桃等	 夹竹桃

图 1-19　茎的横断面呈四边形、三角形的植物举例

16 大多数植物的叶片都是绿色的，那么，为什么植物的叶片会呈现绿色？

A．因为叶片发出绿色的光

B．因为照射到叶片上的光中，只有绿色的光能被叶片很好地吸收

C．因为照射到叶片上的光中，只有很难被吸收的绿光被反射或直接通过

（正确答案和解释详见第 41 页）

17 太阳光中包含着各种颜色的光。人类可以看到的有紫、靛、蓝、绿、黄、橙、红（按波长排列）7 种颜色的光，如图 1-20 所示。因为各种光的颜色之间没有明确的分界线，所以也可以将其粗略地分成蓝、绿、红 3 种颜色。那么，对光合作用最有效的是哪种颜色的光？

A．所有颜色的光都同样有效

B．绿色光比蓝色光和红色光更有效

C．蓝色光和红色光比绿色光更有效

（正确答案和解释详见第 43 页）

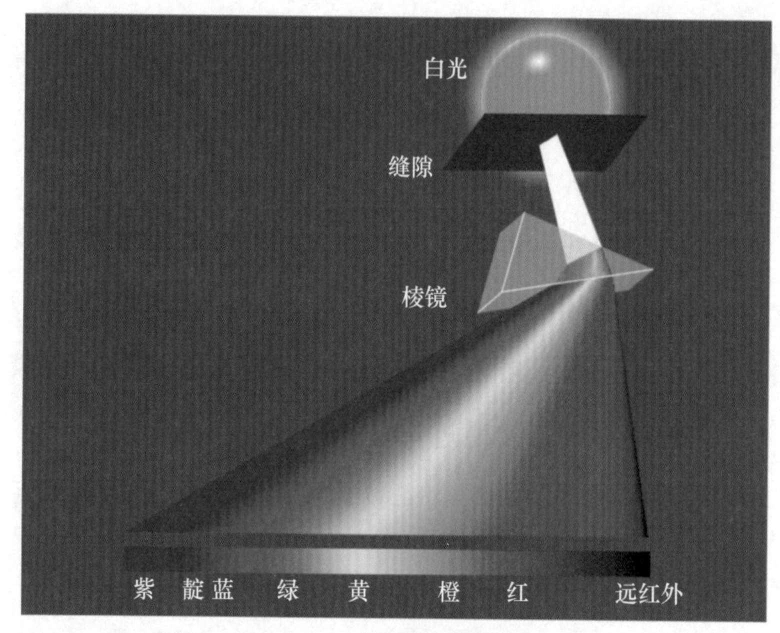

图 1-20　白光所包含的颜色

18 如果只用绿光照射叶片，光合作用会发生吗？

A．绿色光是叶片喜欢的颜色，所以光合作用会顺利进行

B．绿色光会被反射或直接通过，所以光合作用几乎不能进行

C．即使是绿光，在厚厚的叶片上也会进行大量的光合作用

（正确答案和解释详见第 45 页）

16. 为什么植物的叶片会呈现绿色？

正确答案： 因为照射到叶片上的光中，只有很难被吸收的绿光被反射或直接通过

如果叶片会发出绿色的光，那么在黑暗的地方叶片看起来应该是绿色的。但是，在黑暗的地方，叶片上是看不到绿色的。所以，叶片不会发出绿色的光。

叶片只有在光的照射下才会是绿色的。太阳和日光灯的光被称为“白光”，其中包含着各种颜色的光。人类眼睛能看到的光有7种，即紫、靛、蓝、绿、黄、橙、红。

这些光大致可分为蓝光、绿光和红光3种，如图1–21所示。也就是说，白光由蓝光、绿光和红光这3种颜色的光混合而成。因此，“为什么光线照射时，叶片看起来是绿色的”这个疑问，可以换成“蓝光、绿光和红光这3种颜色的光照射叶片的时候，叶片为什么看起来是绿色的”这个更具体的问题。

图1–21　光的三原色

当这些光照射过来时，

叶片会分辨光的颜色，吸收蓝光和红光，而反射绿光或直接让绿光通过。

因此，我们从上面看白光照射的叶片时，绿光被叶片反射进入眼睛，所以叶片看起来就是绿色的。与此相对，蓝光和红光被叶片吸收，无法反射进眼睛，所以叶片看起来不是蓝色或红色的。

我们从下面看叶片也是绿色的，究其原因是，照射在叶片上的绿色光线的一部分没有被反射而是进入叶片内部，之后又直接穿透叶片。因此，绿色的光线穿过叶片进入眼睛，这样叶片看起来就是绿色的。蓝色或红色的光，由于被叶片吸收而未能穿过，如图 1–22 所示：

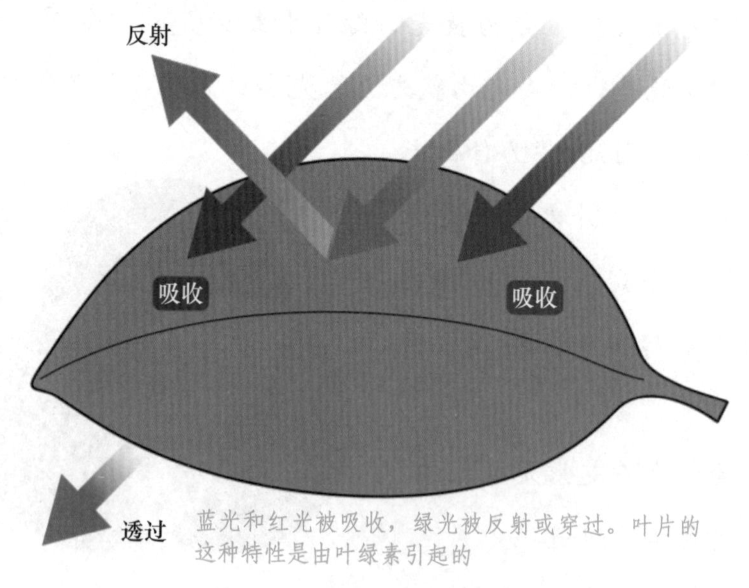

图 1–22　叶片对光的吸收和反射

17. 对光合作用最有效的是哪种颜色的光？

正确答案： 蓝色光和红色光比绿色光更有效

光合作用的作用光谱可以展示哪种光使光合作用更有效，它能够显示各种颜色的光在光合作用中起到的作用。

如图1–23所示，横轴表示照射在叶片上各种颜色的光，纵轴表示光合作用进行的程度。光合作用进行的速率可以通过吸收二氧化碳和释放氧气的速度来表示。在一般情况下，吸收二氧化碳的速率可以被测定，它也作为光合作用的速率表示为纵轴。

纵轴值越大，意味着光合作用的速率越高。在光合作用的作用光谱中，蓝光和红光部分具有较高的值。这意味着在光合作用中，蓝光和红光的利用率较高，而绿光的利用率低。

另外，植物工厂利用了光合作用的原理。在培育植物的工厂中，层层叠叠的架子上种着各种植物，主要是生菜、萝卜苗等栽培期较短的蔬菜。在植物工厂里，光是必需的。对植物光合作用最有效的光是蓝光和红光。为了不浪费能源，植物工厂所使用的人工光，是尽量多地包含蓝色和红色的光。因此，近年来发光二极管逐渐取代了传统的白炽灯和荧光灯而被广泛使用。

发光二极管的最大特点是可以只发出红光、蓝光、绿光等光线，因此它可以只用蓝光和红光照射植物。发光二极管不仅能够选择照射光线的颜色，还有发热量少的特性，因为发热量少，所以它能够降低耗电量。另外，发光二极管还有灯管寿命长等优点。

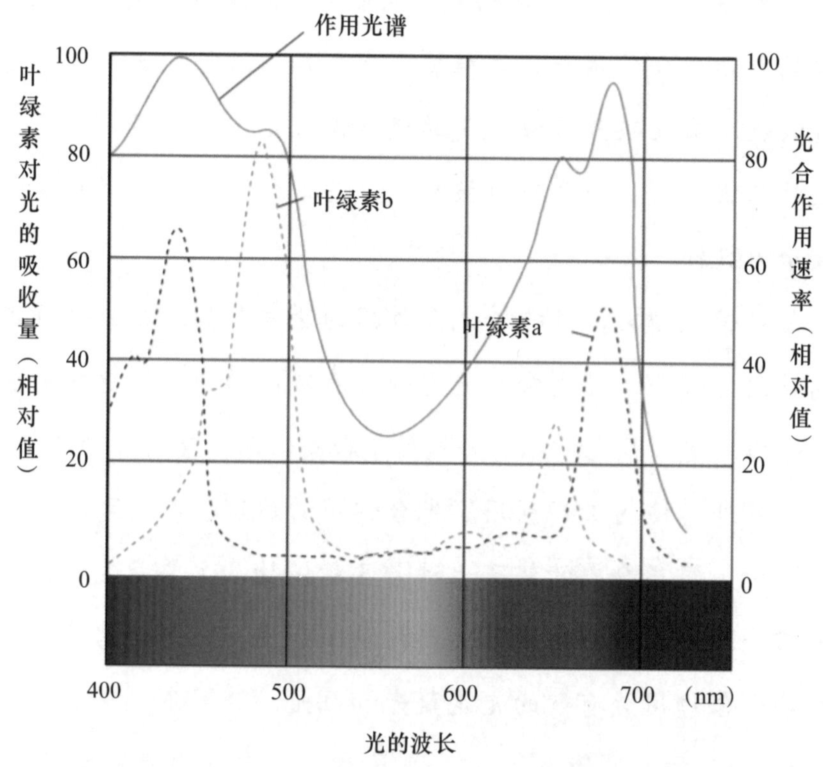

纵轴表示各种光被吸收到何种程度，纵坐标的值越大，意味着这种颜色的光越容易被叶绿素吸收

图1-23　光合作用光谱（实线）和叶绿素对光的吸收（虚线）

18. 如果只用绿光照射叶片，光合作用会发生吗？

正确答案： 即使是绿光，在厚厚的叶片上也会进行大量的光合作用

在光合作用的作用光谱中，蓝光和红光部分数值很高。这意味着，在光合作用中，蓝光和红光的利用率最高。绿光的部分虽然没有蓝光和红光的部分高，但是在光合作用的作用光谱中，也具有相当高的值（如图 1-23 所示），这表明绿光也参与到光合作用中。

究其原因是，叶片中会发生“绿光的绕路效果”现象。叶片是由很多细胞组成的，细胞中存在叶绿体。叶绿体中有叶绿素，当光线照射到叶片上时，蓝光和红光很快就会被叶绿素吸收，但是绿光几乎不会被吸收。虽说如此，也并非完全不被吸收，还是有极少的一部分会被吸收。

不能被吸收的绿光会被叶子里的细胞反射或散射。在细胞中被反射、散射的绿光会进入其他细胞，在那里又有极少数的光被叶绿素吸收，剩下的光在叶片中继续被反射、散射。

绿光进入叶片中，由于只能被叶绿素吸收极少的一部分，所以在叶片中被大量的细胞不断地反射和散射，直到完全通过。绿光就像绕远路一样，在叶片内部一会儿往这里

走，一会儿往那里走。因此，叶子吸收的绿光量增加，这些光也被用于光合作用，如图 1–24 所示。

由于这种“绕路效果”，绿光在叶片里也能够被很好地吸收。绿光一旦被吸收，就和红光、蓝光一样被用于光合作用。因此，对于比较厚的叶片而言，绿光也能够大量地用于光合作用。与此相比，薄的叶片由于产生的“绕路效果”较少，绿光很难被吸收，所以参与的光合作用也较少。

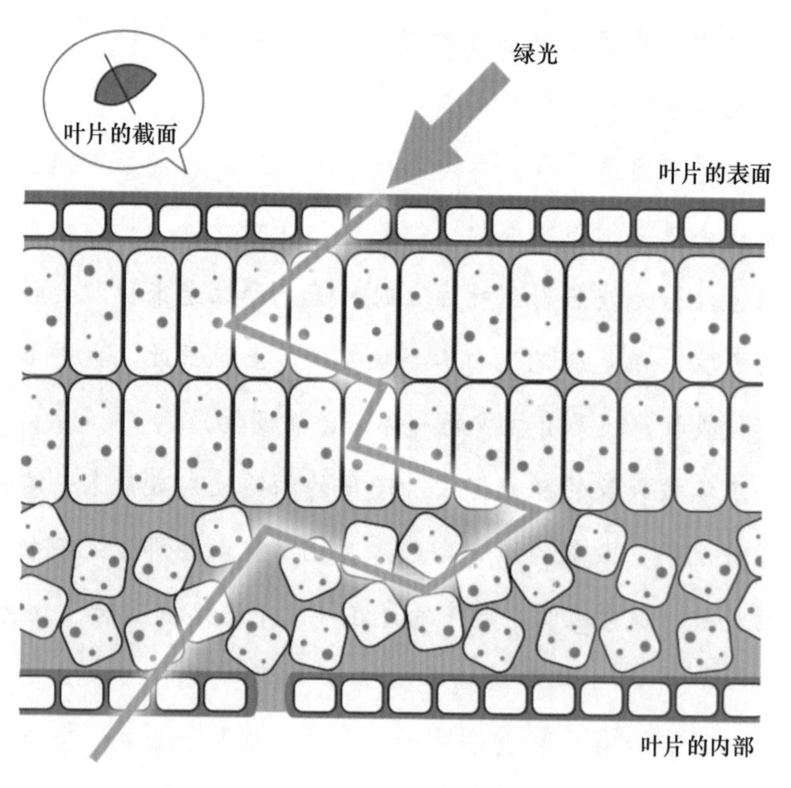

图 1–24　绿光的“绕路效果”

19 我们时常被夏天的强光和炎热所困扰，甚至可能会中暑。那么，生长在夏天的众多植物会为夏天的烈日和酷暑而烦恼吗？

A．很烦恼，勉强活着

B．虽然很烦恼，但仍想方设法地活着

C．虽然有烦恼，但可以克服，活力十足

（正确答案和解释详见第 **48** 页）

20 从前，人们用竹帘和芦苇帘挡住太阳光，遮阴纳凉。近年来，取而代之的是“绿色窗帘”。这种窗帘是把蔓生植物缠绕在网状物或支柱上，使其长出的绿叶覆盖房子的窗户和墙壁。那么，比起竹帘和芦苇帘，“绿色窗帘”会更凉快吗？

A．绿色窗帘的凉爽效果和竹帘、芦苇帘一样

B．凉爽效果没有差别，但因为绿色是放松眼睛的颜

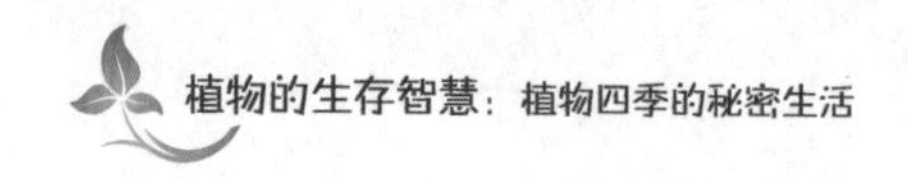

色，所以使人感觉很凉快

C．绿色窗帘不仅能遮阴，还能发挥叶片的冷却作用，比竹帘和芦苇帘更凉快

（正确答案和解释详见第 **51** 页）

21 2017 年，日本林业厅公布了“日本第一高”的树木。它的高度相当于大约 20 层楼的高度。那么，日本最高的树木是多少米？

A．约 36 米　　B．约 62 米

C．约 80 米　　D．约 115 米

（正确答案和解释详见第 **53** 页）

19. 植物会为夏天的烈日和酷暑而烦恼吗？

正确答案： 虽然有烦恼，但可以克服，活力十足

近年来，夏天的酷热都非常猛烈，最高气温超过 35℃的酷暑天和超过 30℃的盛夏日都在增加。因此，每年有很多人

因为强烈的阳光和炎热的天气而中暑，因中暑被救护车送到医院的人数在逐年增加，人们同时也担心猫、狗等宠物和动物园饲养的猴子、熊等动物也会中暑。

于是，人们就产生了植物会不会中暑的疑问。在自然条件中生长的植物其实也会受到强烈的阳光和暑热的影响。因为酷暑，植物自身也会变得虚弱。

但是，情况还没有到值得我们担心的程度，在夏天生长的植物不太会因为酷暑而困扰。为什么呢？如本书第 1 问所介绍的那样，这是因为深受酷暑困扰的植物，在夏天的暑热到来之前开花，并结出了耐暑热的种子，然后自身就枯萎了。因此，不耐暑热的植物在夏天到来前就已经消失了。

另一方面，在夏天的酷暑中生长的植物大多来自炎热的地方，本来就属于耐热植物。因此，它们不但无须担心中暑，也许还会因为暑热而“感到喜悦”呢。

对这些植物来说，夏天正因为炎热，所以才更是有价值的季节。因此，有很多植物选择在夏天结果。在田地和家庭菜园里，茄子、番茄、黄瓜、青椒、南瓜、西瓜等很多蔬菜都会在夏天结果。对于这些植物来说，夏天是属于它们的“收获的季节”。

夏季常见的植物如图 2-1 所示：

夏季结果的蔬菜（按原产地）
●亚洲热带： 黄瓜、丝瓜、苦瓜、辣椒、茄子、紫苏 ●中国东北部、东南亚：毛豆 ●非洲：秋葵、西瓜、长蒴黄麻 ●中美洲和南美洲：番茄、甜椒、青椒、尖椒、辣椒、番薯、玉米、南瓜、西葫芦、芸豆

夏季开花的花草树木（按原产地）
●温暖地区和热带地区：扶桑 ●印度：夹竹桃 ●中国南部：紫薇 ●东南亚：凤仙花 ●东亚的温暖地区：芙蓉 ●亚洲热带地区：牵牛花、鸡冠花 ●墨西哥：波斯菊 ●美洲热带地区：紫茉莉

图 2-1　夏季常见的植物

20. 比起竹帘和芦苇帘,“绿色窗帘”会更凉快吗?

正确答案: C 绿色窗帘不仅能遮阴,还能发挥叶片的冷却作用,比竹帘和芦苇帘更凉快

我们在前文介绍过,由于夏天生长茂盛的植物多出身于炎热地带,所以它们能够抵御夏天的酷暑。但是,即使出身于炎热地带,这些植物想要在夏天枝繁叶茂,其自身须具备忍耐酷暑的构造。

白天,太阳光强烈时,植物为了吸收光合作用所需的光,会舒展叶片。因此,叶片在强烈的阳光照射下,吸收了相当多的热量,叶片的温度(叶温)会相当高。但是,如果温度过高的话,叶片便不能存活。

在叶片中,为了促进产生淀粉的光合作用,有很多酶在发挥作用。一旦温度过高,这些酶就会停止工作,叶片也就不能进行光合作用了。因此,当叶片的温度将要异常升高时,叶子会拼命抵抗,不让温度升高。

它们的抵抗方法就是“出汗”。通过叶片表面的一个个被称为“气孔”的小孔,水分会被快速蒸发。当水分蒸发的时候,会把叶子的热量带走,这样一来叶片的温度就会下降。这和人通过出汗来抑制体温异常升高的原理是相同的。

尽管如此，但其实我们并不能真正看到叶片“流汗”的样子。叶片的“出汗”是水分从叶片的表面直接变成水蒸气而蒸发的，所以一般是看不见的。但是，只要想办法，其实我们也能看到叶片上的“汗水”（如图 2–2 所示）。

“绿色窗帘”的价值就在于构成帘子的每一片绿叶都能“出汗”。因为叶片通过“出汗”抑制了温度的升高，所以绿色的帘子不会因为太阳炙烤而变热。

以前一直被人们使用的竹帘和芦苇帘因为不是活的植物，所以没有这个作用。因此，绿色窗帘比起竹帘和芦苇帘来说更凉快。

将透明或半透明的薄塑料袋罩在阳光照射下的叶片上，然后将袋口绑住。太阳光强烈时，10～15 分钟后袋子的内侧就会出现小水滴。如果看不到小水滴，用手指相互摩擦袋子的内面，就会使其变成眼睛能看到的大水滴

图 2–2　叶片“出汗”的观测实验

21. 日本最高的树木是多少米？

正确答案：**B** 约 62 米

一般来说，一层楼的高度约为 3 米。因此，相当于 20 层楼的高度约为 60 米。

2017 年 11 月，在日本农林水产省发布的报告中，日本最高的树木成为人们议论的话题。这棵树是位于京都市左京区花脊地区的大悲山国有林的一棵“花脊三本杉”。

这棵杉木是由三棵根部相连的杉树组成的，所以被称为“三本杉”。这棵树最初发现于 1154 年的花脊地区，是因修行者的修行场所而闻名的峰定寺里的神木，据说树龄约 1000 年。

以前，这棵树的树高被推测为“约 35 米”。然而，当日本京都大阪森林管理事务所放飞小型无人机对这棵树进行测量时，发现其比以往所说的高出近 2 倍。因此，日本森林综合研究所关西支所使用激光测量仪等专业测量仪器对树高进行了准确的测量并公布了结果。

据调查，三棵杉树中，被称为“东干”的树木最高，达到 62.3 米；被称为“西北干”的树木高度为 60.7 米；被称为“西干”的树木高度则为 57.2 米。

在此之前，被称为日本最高树木的是日本爱知县新城市凤来寺山的“伞杉”，高59.57米。由于“花脊三本杉”的“东干”比它高2.73米，所以“东干”成为日本第一高的树木。“西北干”也比“伞杉”高，可以说是日本第二高的树木了。

不过，如果使用这次的最新测量仪器对“伞杉”重新进行测量，也不能排除“伞杉”再次成为日本第一高树木的可能。以这次报告发布为契机，今后使用新的测量仪器对树高进行测量，也许还会有一棵接一棵的高大树木被测量出来。

---

22 世界上最高的树木是115.5米，相当于30多层楼的高度。它是位于美国加利福尼亚州的雷德伍德国家公园里的北美红杉。即便像这样高的树，从根部吸收的水分也能输送到顶端。那么，从根到叶，植物如何输送水分？

A．根推动水分向上运输

B．叶子向上吸引水分

C．根推动水分向上运输的同时，叶片向上吸引水分

（正确答案和解释详见第 **56** 页）

23 植物干燥至完全失去水分时的重量被称为干燥重量。那么，植物的干燥重量每增加1克需要消耗多少水分？

A. 50～100克　　B. 200～300克

C. 500～800克　　D. 1000～2000克

（正确答案和解释详见第**58**页）

24 18世纪，瑞典植物学家林奈发明了“花钟”。那么，林奈的“花钟”是什么样的时钟呢？

A. 用花装饰的时钟

B. 像钟表盘一样，在花坛上有长针和短针转动的时钟

C. 在像钟表盘一样的花坛里，根据哪个位置的花开来判断时间的时钟（如图2-3所示）

（正确答案和解释详见第**60**页）

直径31米的花钟位于静冈县伊豆市土肥温泉松原海岸公园，1992年被吉尼斯世界纪录认定为世界上最大的花钟

图2-3　日本静冈县的巨型花钟

22. 从根到叶，植物如何输送水分？

正确答案：C 根推动水分向上运输的同时，叶片向上吸引水分

被根吸收的水分，必须输送到植物顶端的芽和叶。此过程中的作用力之一——由根向上推动水分的力量，被称为“根压”。

切断植物的茎或干不久之后，切口处会有少许的水渗出来。只要切断茎或干，切断面上就会渗出液体，这是根推动茎中的液体向上运输所产生的现象，这就是根压的力量，如图 2-4 所示。但是，仅凭这种力量，别说是高大的植物，即便是低矮的植物，水分也无法到达顶端，那其他的力量从何而来呢？

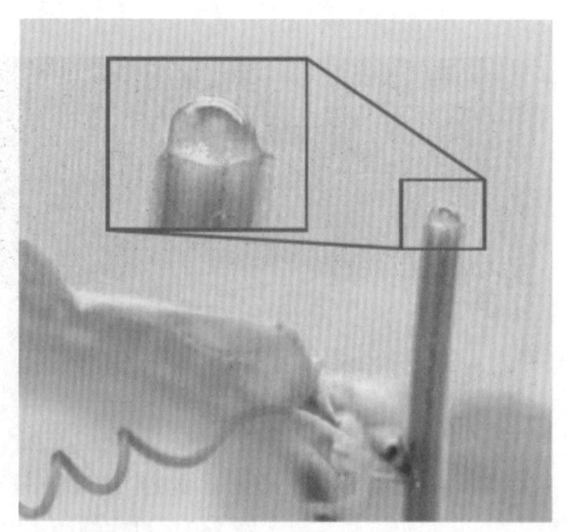

图 2-4　丝瓜茎切断面流出的液体

接着，叶片通过蒸腾作用，将水分以水蒸气的形式释放到空气中。蒸腾作用是指水分变成水蒸气时从叶片上的小气孔排出的现象。

叶片蒸腾的水分，是从根部通过茎中纤细的

“维管束”输送到叶片的。维管束里充满了水，在这种状态下，水分子之间通过一种强大的力量相互吸引。这种水分子之间相互吸引的力量被称为“内聚力”。

维管束下面连着根，上面连着叶片的气孔。在维管束中，水分不间断地、紧密地连接在一起。因此，当水分通过蒸腾作用从叶片释放到空气中时，受到已被释放的水分牵引，下面的水分会被向上吸引。因此，如果水分从顶端的叶片蒸腾掉，那么下面的水分自然就会被吸引上来。

这就是植物能将水分输送到高处的原理。这种通过叶片、茎和根的合力将水分输送到植物顶端的原理，被称为“内聚力学说”，如图 2-5 所示：

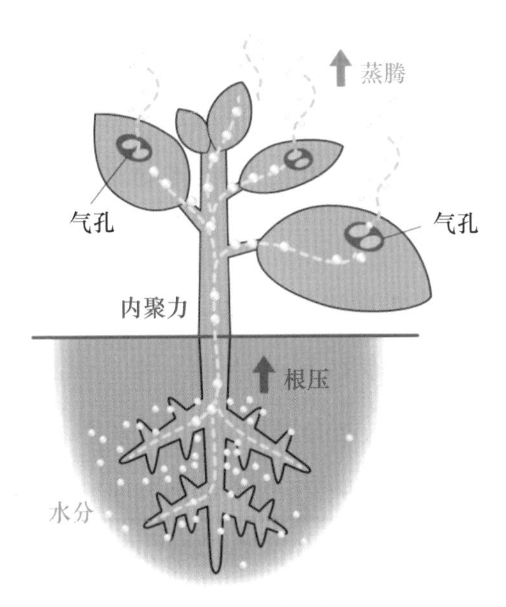

图 2-5　内聚力学说

23. 植物的干燥重量每增加1克需要消耗多少水分？

正确答案： 500 ~ 800 克

植物消耗的水量，取决于干燥重量每增加 1 克所需要的水量，这个量被称为“需水量”。

大部分植物在生长过程中，干燥重量每增加 1 克，需要消耗 500 ～ 800 克的水分。在这种情况下，需水量通常省略克这个单位，表示为 500 ～ 800。

为了使干燥重量增加 1 克，竟然需要消耗 500 ～ 800 克的水，这意味着植物生长需要消耗大量的水分。植物需要消耗大量水分的原因主要可以归纳为以下 3 个：

第一，植物为了调节叶片的温度，需要蒸腾水分。正如第 **20** 问介绍的那样，叶片上有很多被称为气孔的小洞（如表 2-1 所示）。

叶片为了调节自身温度，通过蒸腾作用释放水分。1 克水分蒸发会带走 583 卡路里的热量。在炎热的天气里，为了降低叶片的温度，植物必须消耗大量的水分。

第二，植物为了把水分和养分输送到顶端的叶片和芽。因为养分溶解在水里，所以通过水分的输送，养分也会一并被输送过去。只有树干顶端部分的叶片蒸腾水分，下部的水

分才能通过茎中的维管束被吸引向上。因此，植物必须蒸腾大量的水分。

第三，为了吸收二氧化碳，植物必须打开叶片上的气孔，一旦打开气孔，水分就会被大量地蒸腾出去。气孔是植物吸收光合作用所需二氧化碳的通道，如果气孔不打开，二氧化碳就不会被吸收进来。所以，即使水分会蒸腾，但为了能够吸收二氧化碳，植物也必须打开这些气孔。

表 2-1　植物叶片正面和背面的气孔分布　（每 $1mm^2$ 的气孔个数）

植物名	正面	背面	植物名	正面	背面
黄豆	40	281	玉米	67	109
向日葵	101	218	小麦	42	40
卷心菜	141	227	睡莲	460	0
蚕豆	101	216	美人蕉	0	25
白杨	20	115	青木	0	145
秋海棠	0	40	栎木的一种	0	1192
番茄	96	203	苹果	0	400
土豆	51	161	樱树	0	249
苜蓿	169	138	桃子	0	225

气孔的数量因植物种类的不同而各具差异，每 $1mm^2$ 的叶片上就有少则几十个，多则上千个气孔

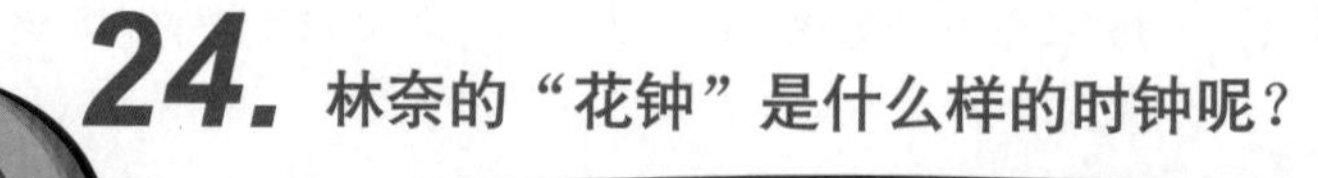

24. 林奈的“花钟”是什么样的时钟呢？

正确答案：C 在像钟表盘一样的花坛里，根据哪个位置的花开来判断时间的时钟

如果在日本《大辞林（第三版）》中查找“花钟”这个单词，就会出现这样的解释：设置在公园或广场，在表盘的部分种有季节性花草的大钟。但实际上，我们在公园等地看到的花钟，是在种满鲜花的花坛上设置了带指针的钟表。

其实，花钟原本并不是那样枯燥无味的东西。18 世纪，瑞典的植物学家林奈所创造的花钟并不需要旋转的指针。

最初的花钟是指在以花坛为表盘的各个位置上，种植上在某个月份开花的植物，只要看哪个地方的花开着，就可以知道对应的月份。花钟意味着许多植物的花按固定的月份开放。

有人可能会有这样的疑问：“为什么许多植物会在特定时间开花呢？”这个特性有两个重要的意义。

第一，虽然蜜蜂和蝴蝶传播花粉，但如果同类植物不在同一时段开花，那么花粉就无法被传播。所以，同类植物会在同一时段一起开花授粉，这也是植物们为了让生命延续所做的努力。

第二，植物为了错开其他种类植物开花的时间，尽量避

免吸引蜜蜂和蝴蝶的竞争。如果所有种类的植物一齐开花，授粉的竞争就会过于激烈。

常见的花钟设置如图 2–6 所示：

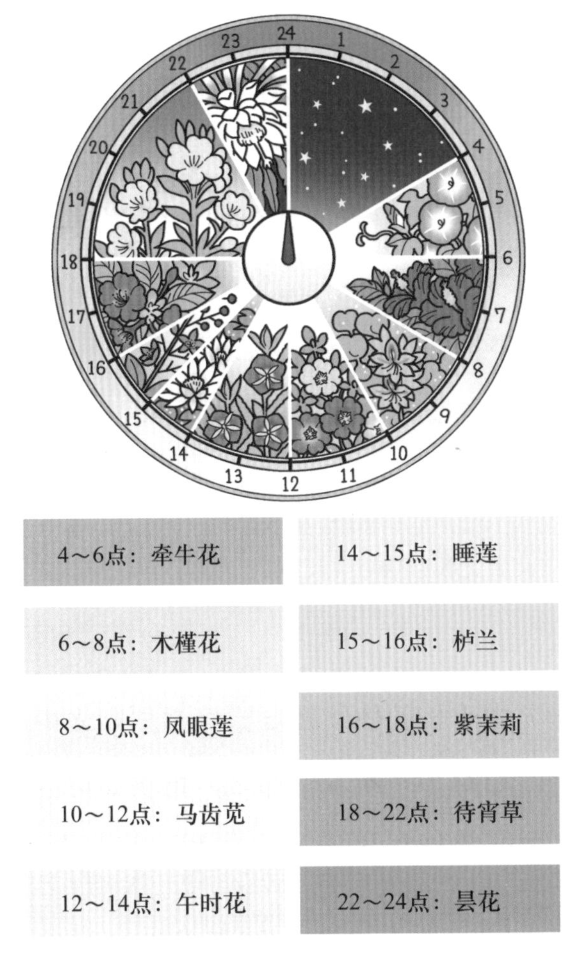

图 2–6　常见植物制作的花钟

25 开花时间固定的植物，通过感受各种各样的外界刺激来判断开花的时间。那么，以下不属于植物开花的刺激因素的是什么？

A．光线变亮　　B．光线变暗

C．温度上升　　D．温度下降

（正确答案和解释详见第 **63** 页）

26 当植物受到外界刺激，花蕾即将绽放时，其内部会发生怎样的变化？

A．花蕾中折叠着的花瓣伸展开

B．花蕾中花瓣的内侧比外侧伸展得更多

C．花蕾的基部，束缚着花瓣的花萼力量松弛

（正确答案和解释详见第 **66** 页）

27 在自然界中生长的植物都要饱经强烈阳光中所含紫外线的照射，如图 2-7 所示。那么，植物如何应对紫外线？

A．植物把紫外线用于光合作用，所以尽量多地接受紫外线照射

B．紫外线对植物没有危害，但也没什么益处，所以什么也不做

C．紫外线对植物有危害，所以植物为了规避危害而采取了对策

（正确答案和解释详见第 **68** 页）

图 2-7　山林中沐浴朝阳的山野豌豆

25. 不属于植物开花的刺激因素的是什么？

正确答案：**D**　温度下降

人们总认为花蕾长大了就会自然张开，但其实并不是这样。花蕾想要张开，必须要有相应的外界刺激。

这不禁又让人产生了疑问："大自然中存在着什么刺激呢？花蕾不是自动张开的吗？"其实，在大自然中存在着许多刺激。早上光线变亮、太阳升起温度上升、傍晚光线变暗等，都会造成很大的环境变化。这些变化对花蕾来说就是一种刺激。

自然界中的植物们感受到温度和亮度变化的刺激，就会张开花蕾。这些刺激虽然不能严格区分，但大致可以分为三种。

第一，温度上升。代表性的例子是郁金香的花，早上温度上升就会开放。

第二，光线变亮。代表性的例子是蒲公英的花，西洋蒲公英的花蕾（如图 2-8 所示），夜间温度只要在 13℃以上，早晨天色变亮的时候就会开花。如果夜晚温度低于 13℃，即使外界光线变亮也不会开花，但是温度一旦上升就会开花。

第三，光线变暗。牵牛花、月见草、昙花等的花蕾在天色变暗到一定时间后就会开花。例如，牵牛花在傍晚天黑后约 10 小时后开花。

以"温度下降"为刺激开花的植物，到现在为止还不为人

图 2-8 西洋蒲公英的花蕾

知。这种刺激，对于开放的花朵在傍晚闭合时会起作用，郁金香就是典型代表。

对于受到刺激可以开花的植物，我将其总结成表 2–2，读者可以参考。

表 2–2　刺激开花因素及代表性植物

①因气温升高而开花的植物	郁金香、马齿苋、番红花等
②因光线变亮而开花的植物	蒲公英、红花酢浆草等
③因光线变暗而在几小时后开花的植物	牵牛花、月见草、昙花等

26. 花蕾即将绽放时，其内部会发生怎样的变化？

正确答案：**B** 花蕾中花瓣的内侧比外侧伸展得更多

当植物受到外界刺激，花蕾即将绽放的时候，会发生什么样的状况？1953年，英国人伍德使用郁金香的花对这个问题进行了调查研究。

郁金香的花在早上温度上升时开放，傍晚温度下降时闭合。伍德把一片花瓣分成外侧和内侧两层浮在水面上。

升高水的温度，花瓣的内侧迅速伸长了，但是外侧只是慢慢地伸长。这个结果显示了开花的原理：当气温上升时，花瓣的内侧比外侧伸长得更多，因此，花瓣向外侧弯曲，这就形成了开花的现象。

相反，如果降低水的温度，漂浮着的两层花瓣中，花瓣的内侧几乎不伸长，外侧却迅速伸长。这一现象说明了“气温一下降，花瓣的外侧就会伸长，而内侧却几乎不伸长，这样花瓣向外侧的弯曲就会消失，继而闭合”的闭花原理。

总之，花开的时候，花瓣的内侧更多地伸长；闭合的时候，花瓣的外侧更多地伸长。因此，郁金香的花每天重复着“早上开，傍晚合”的开合运动，花瓣也会因此而生长，实验结果如图2–9所示。从花蕾第一次开放开始算起，花瓣反复进行连续 10 天的开合运动后，花瓣的尺寸成倍增大也不稀奇。

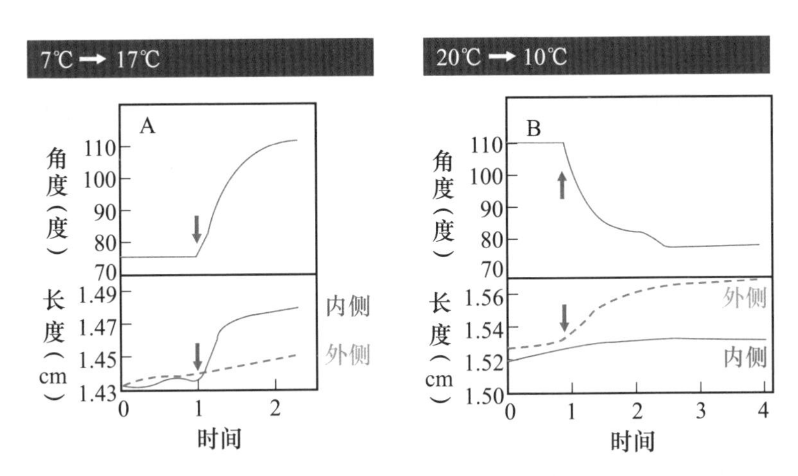

升高水温，花瓣的内侧伸长，向外弯曲的角度变大；降低水温，花瓣的外侧伸长，向外弯曲的角度变小

图 2-9　伍德的实验结果

郁金香能感知到温度变化的刺激，从而进行花的开合。并且，这个原理对于能够感受到某种外界刺激从而引起花朵开合的植物来说是共通的，如图 2-10 所示：

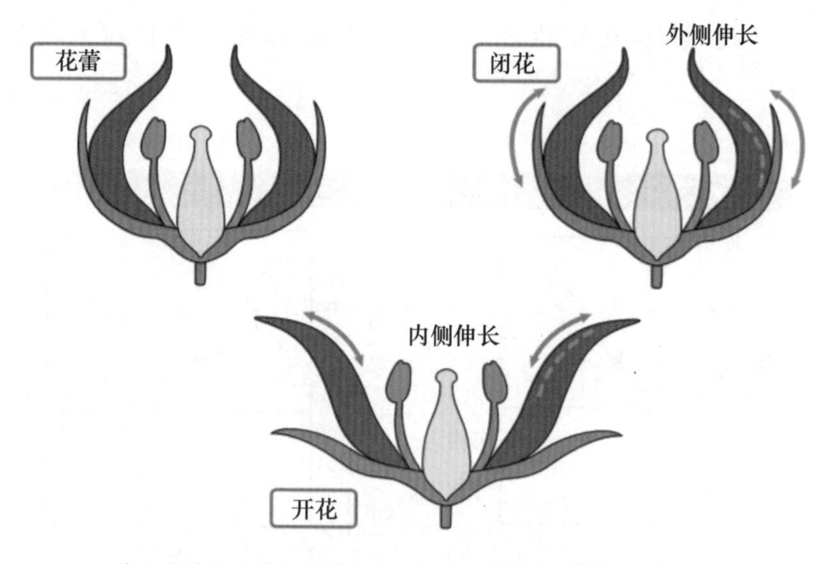

花开的时候花瓣的内侧伸长，闭合的时候花瓣的外侧伸长

图 2-10　花朵开合的原理

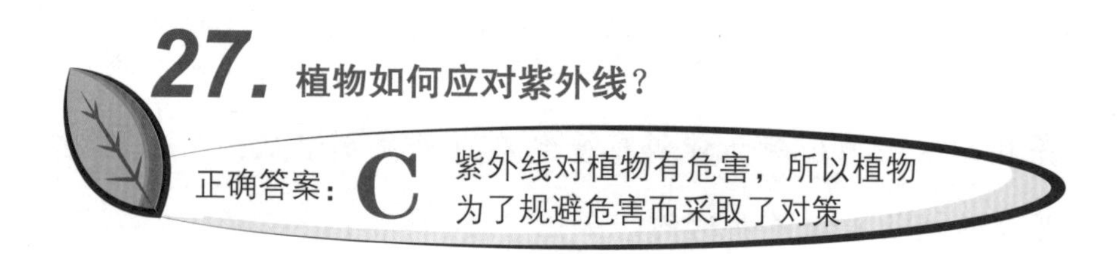

紫外线一旦照射到植物和人体上，就会产生一种叫作“活性氧”的物质。众所周知，活性氧对人类来说，是加速身体老化、引发许多疾病的物质。除了对人有害，紫外线对植物也极其有害。

因此，大自然中的植物们为了规避紫外线的伤害，采取了相应的对策。它们不仅保护着自己的“身体”，还保护着即将在花中产生的种子。

植物能够在体内制造出一种具有清除活性氧作用的物质，它被称为“抗氧化物质”。抗氧化物质的代表是维生素C、维生素E、多酚、类胡萝卜素等。

多酚的代表性物质——花青素、类黄酮等，是一些可以将花瓣装扮得美丽鲜艳的色素。含有这些物质的花瓣可以保护在花中孕育的种子。植物的花瓣之所以长得美丽鲜艳，吸引蜜蜂和蝴蝶是目的之一，另一个重要的目的就是消除紫外线照射产生的有害活性氧。

因此，照射到植物上的太阳光越强，为了消除活性氧的危害而产生的色素就会越多，花的颜色就会变得越深。大多数高山植物的花都有鲜艳美丽的颜色，原因就是在空气清新的高山上紫外线更强。

另外，露天栽培植物开出的花朵比温室里栽培出的花朵颜色更鲜艳，这是因为它们直接暴露在含紫外线阳光的照射下。

下面我总结了一些具有代表性的抗氧化的食物，如表2-3所示：

表 2-3　具有代表性的抗氧化物质及富含抗氧化物质的食物

<table>
<tr><th colspan="3">抗氧化物质</th><th>富含抗氧化物质的食物</th></tr>
<tr><td colspan="3">维生素 C</td><td>西兰花、番茄、卷心菜芽、柠檬、猕猴桃、草莓、柿子、橘子</td></tr>
<tr><td colspan="3">维生素 E</td><td>花生、南瓜、菠菜、杏仁</td></tr>
<tr><td rowspan="6">多酚</td><td rowspan="3">类黄酮</td><td>槲皮素</td><td>洋葱、芦笋</td></tr>
<tr><td>芦丁</td><td>大豆、荞麦</td></tr>
<tr><td>木犀草素</td><td>紫苏、薄荷、芹菜</td></tr>
<tr><td colspan="2">花青素</td><td>葡萄酒、茄子、黑豆</td></tr>
<tr><td colspan="2">儿茶精</td><td>绿茶、葡萄酒</td></tr>
<tr><td>木酚素</td><td>芝麻醇</td><td>芝麻</td></tr>
<tr><td rowspan="6">类胡萝卜素</td><td colspan="2">β-胡萝卜素</td><td>胡萝卜、南瓜、菠菜、茼蒿</td></tr>
<tr><td colspan="2">番茄红素</td><td>番茄、西瓜</td></tr>
<tr><td colspan="2">叶黄素</td><td>玉米、菠菜</td></tr>
<tr><td colspan="2">岩藻黄素</td><td>裙带菜、羊栖菜、海带</td></tr>
<tr><td colspan="2">辣椒红</td><td>辣椒</td></tr>
<tr><td colspan="2">虾青素</td><td>雨生红球藻（藻类）</td></tr>
</table>

28 所有的动物都是靠吃植物的“身体”来生存的，如图2-11所示。虽然也有肉食动物，但如果追根溯源，就会发现肉的来源也是植物。因此，植物被动物吃掉是植物的“宿命”。那么，植物如何应对被动物吃掉的“宿命”？

A．确保重要的地方绝不被吃掉

B．做好了被少量吃掉的准备

C．做好了被全部吃掉的准备

（正确答案和解释详见第 **72** 页）

成年奶牛一般每天可以吃掉50～75千克的鲜牧草

图2-11　牧草和奶牛

29 人类的三大营养素是以淀粉为代表的碳水化合物、蛋白质和脂质。植物为了生存，这些营养素也是必需的。那么，食虫植物吃昆虫主要是为了摄取哪些营养物质？

A．碳水化合物　　B．蛋白质

C．脂质　　D．上述三大营养素

（正确答案和解释详见第 **75** 页）

30 植物的一大特征是可以进行光合作用，自己制造有机营养物质。那么，不进行光合作用的植物存在吗？

A．这样的植物不可能存在

B．还没有找到，但有可能存在

C．虽然很少见，但这样的植物也是为人所知的

（正确答案和解释详见第 **77** 页）

---

28. 植物如何应对被动物吃掉的“宿命”？

正确答案：**B** 做好了被少量吃掉的准备

植物用刺或有毒物质等保护着自己的“身体”。但是，

如果植物采取“绝对不能被吃掉”的完全防御，那么地球上所有的动物包括人类，都会灭绝。

植物应该也不希望这种状况发生吧。植物通过蜜蜂和蝴蝶等昆虫来传播花粉，通过被动物吃掉果实等方式将种子带到别处，或者直接被吞进动物的肚子里，作为粪便播撒在某个地方。植物通过与动物共存的方式，不费吹灰之力就可以迁移到新的繁衍地。

即便如此，如果植物被动物完全吃光也是一件麻烦事。所以，植物通过长倒刺、分泌有毒物质、散发动物讨厌的味道等方法进行防御。

正确答案中所谓的“做好了少量被吃掉的准备”，得益于植物的自身结构——顶芽和侧芽。

植物茎顶端的芽被称为“顶芽”。芽不仅存在于茎的顶端，也存在于所有叶子的根部。这些芽与顶芽相对应，被称为“侧芽”（或“腋芽”）。这两种芽，只有顶芽会迅速伸长，而侧芽并不伸长，这种现象被称为“顶端优势”。

如果包括顶芽在内的植物顶部柔软的部分被动物吃掉，那么下面的其中一个侧芽就会成长为顶芽。因此，受顶端优势影响的侧芽开始生长，直到它再生长成先前顶芽的样子。只要被吃掉的茎的下方有侧芽，那么最顶端的侧芽就会变成顶芽伸长，最终植物就像什么事都没有发生过一样，恢复到被吃之前的原貌。

这就是植物顶端优势的威力。这种防御特性在植物被折断和被割断的时候也能有效地发挥作用，如图 2–12 所示：

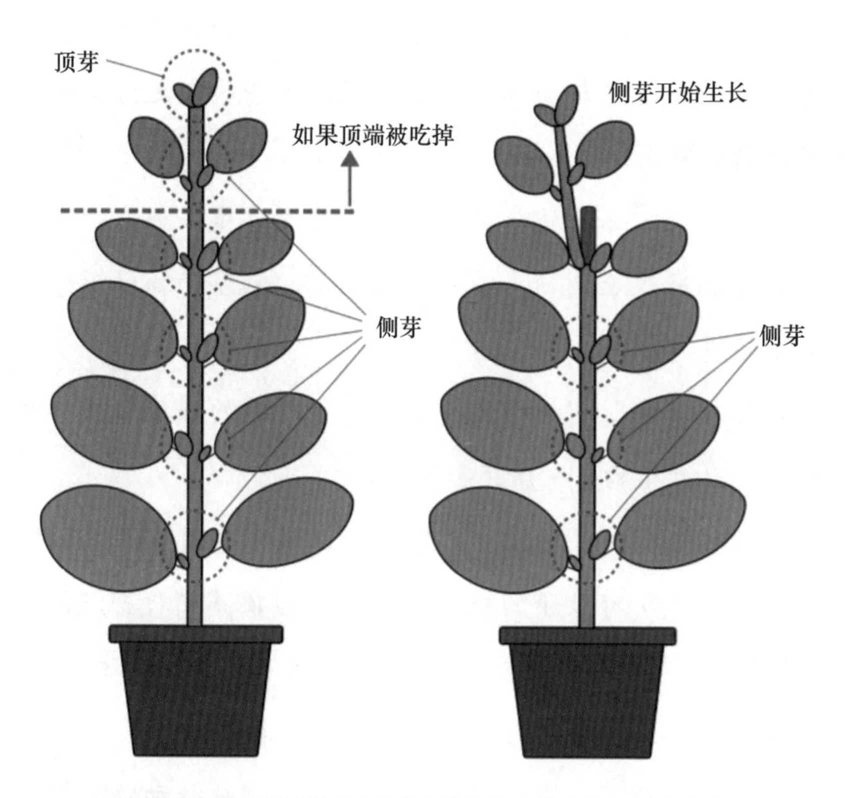

顶芽中会产生一种叫作“生长素”的物质，通过茎部向下移动，抑制侧芽的生长。因此，如果切掉顶芽，生长素就不能到达侧芽，侧芽就会开始生长。如果切掉顶芽后，在它的切口处涂上生长素，侧芽的生长就会被抑制

图 2–12　顶端优势

29. 食虫植物吃昆虫主要是为了摄取哪些营养物质？

正确答案：**B** 蛋白质

食虫植物中广为人知的是捕蝇草。当昆虫停留在其叶片上时，捕蝇草迅速地闭合叶片，抓住昆虫。这种植物以昆虫作为营养来源，同时进行光合作用。

人们常常误以为食虫植物从昆虫身上摄取营养，所以不需要进行光合作用，但事实上不仅仅是捕蝇草，食虫植物都会进行光合作用。因此，食虫植物可以自己合成生存所必需的淀粉，并以此为基础合成脂质。

食虫植物从昆虫中想要获得的是蛋白质等含氮的物质。含氮的物质对于植物和包括人类在内的动物来说，都是生存所必需的。因此，食虫植物掌握了从昆虫中吸收含氮物质的方法。

这并不是什么脱离常规的方法。人类为了获得含氮的营养素就会吃牛、猪、鱼等肉类，然后从中吸收含氮营养素。

大多数植物会从土壤中吸收含有氮的养分。我们在培育植物的时候，把土壤中最容易缺乏的成分——氮、磷、钾作为三大肥料施用。其中植物尤其需要的是氮，所以大多数植物会从土壤中吸收氮作为养分。

这样一来，我们就产生了疑问：为什么捕蝇草不通过根部吸收含氮的养分？这种植物要是能做到这一点当然好，但是因为其原产地是含氮很少的北美洲贫瘠的土地，所以捕蝇草很难从土壤中充分吸收氮这种养分。

因此捕蝇草掌握了从虫子身上吸取含氮物质的能力。但是我们心中依然会留下疑问，那就是：掌握了这样的技能对于植物在并不肥沃的贫瘠土地上生存下去有什么好处吗？

普通植物在缺乏养分的土壤中是无法生存的。因此，如果掌握了吃昆虫吸收含氮营养的能力，那么食虫植物不参与和其他植物“争夺”繁衍地的竞争，也能在那片土地上生存下去，如图 2-13 所示：

陷阱式：通过含有消化液的笼形（圆筒形）叶身进行捕虫。图为猪笼草

黏着式：通过叶片上的黏液捕虫。图为小毛毡苔

夹状圈套式：通过关闭叶片把虫子封闭起来。图为捕蝇草

囊状圈套式：通过囊状部分吸入。图为黄花狸藻（摄影：Michal Rubes）

图 2-13　四种食虫植物

30. 不进行光合作用的植物存在吗？

正确答案：C　虽然很少见，但这样的植物也是为人所知的

大多数植物利用从根部吸收的水、从空气中吸收的二氧化碳以及太阳光的能量，通过叶片来制造维持植物生长所需的营养。这种反应被称为“光合作用”。如前文所述，以昆虫为营养的食虫植物也会进行光合作用。

但是，世界上也存在不进行光合作用的植物，它们有两种类型。一种是全寄生植物，它们从其他植物那里得到全部营养，比如莱佛士花（如图 2-14 所示）和菟丝子。

图 2-14　莱佛士花

另一种植物本身没有能力摄取生物的遗体和排泄物中的营养，也没有能力摄取生物的分解物等，但是可以和生长于自身根部的、能够摄取这类营养的菌类共存。

以前人们认为，这类植物以土壤中生物的遗体、排泄物以及它们的分解物等作为营养，所以它们被称为“腐生植物”。但是，近年来，从“依靠菌类生存”这个角度出发，这类植物渐渐被人们称作“菌媒介异养植物”。

其中，广为人知的例子有水晶兰（如图2–15所示）、土木通（如图2–16所示）、霉草等。这些植物不进行光合作用，所以不需要在地面上生长。因此，它们只有在开花、结果时才会短暂地出现在地面上。

那么，我们可能会产生一个疑问："为什么它们不进行光合作用，却属于植物呢？"这是因为虽然全寄生植物和菌媒介异养植物不进行光合作用，但是它们会开花并结出种子。因此，它们也算植物世界的一员。

水晶兰生长在土壤中，从树木的根和与其共生的菌类中获得营养。从春天到夏天，水晶兰的花会长出地面，但是因为不进行光合作用，所以它没有叶绿素，使得花整体呈现白色透明状。它被称为"幽灵蘑菇"（又称"幽灵之花"或"死亡之花"），有时候也被比作银龙，故也被称为"银龙草"

图2–15　水晶兰

土木通从蘑菇的菌丝中摄取营养。地上部分没有叶子，初夏的时候长出地面开花。植株高度超过50厘米。到了秋天会结出鲜红的果实，颜色和样子都很像木通的果实。这就是"土木通"名称的由来

图2–16　土木通

31 白天天气晴朗，耀眼的阳光照射在树叶上，这时你可能会想：植物一定在很开心地在进行光合作用吧。那么，植物能够充分利用白天的阳光吗？

A．能，树叶需要更强烈的阳光

B．白天耀眼的阳光对于树叶来说刚刚好

C．不能，白天的阳光过于强烈，叶片无法充分利用

（正确答案和解释详见第 **81** 页）

32 在寒冷的冬天，温暖的塑料大棚里种着各种各样的蔬菜。然而，在夏天我们有时也能看到这一景象。那么，为什么夏季要使用温室大棚栽培蔬菜？

A．为了保持温室大棚中的高温状态

B．为了保持温室大棚中的高湿状态

C．为了遮蔽夏天强烈的阳光以及防止雨水滴落在耕地或植物的果实上

（正确答案和解释详见第 **83** 页）

33 嫁接是指在砧木（承受接穗的植株）的茎或枝上划开缝隙，将被称作接穗的其他植物的茎或枝插入并使其愈合，最终使接在一起的两个部分长成一个完整的植株，如图 2-17 所示。那么，在同一株嫁接植物中，砧木无法输送到接穗的是什么？

A．砧木产生的物质

B．砧木的基因

C．砧木根部吸收的养分

（正确答案和解释详见第 **85** 页）

图片下方为砧木，上方为接穗

图 2-17　栗子树的嫁接

31. 植物能够充分利用白天的阳光吗？

正确答案：C 不能，白天的阳光过于强烈，叶片无法充分利用

光合作用的速度根据光强不同而发生的变化可以通过“光合作用曲线图”来表示，如图 2-18 所示。例如，在温度为 20℃或 25℃的环境下，我们使二氧化碳的浓度与空气中的浓度保持一致，然后通过改变光强（光照强度），来观察植物光合作用的速率。

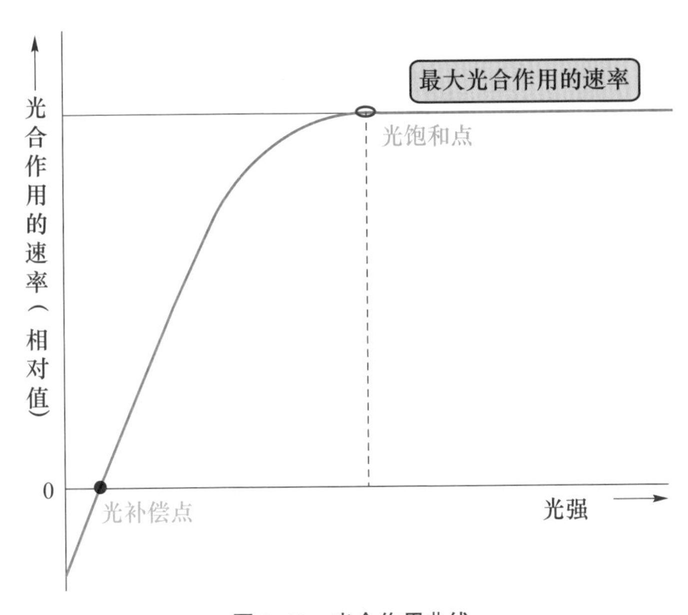

图 2-18　光合作用曲线

光合作用的速率可以通过二氧化碳被吸收的速率来体现。在昏暗无光的环境下，植物只会进行呼吸作用，而无法进行光合作用。因此，二氧化碳无法通过光合作用被吸收，而是仅通过呼吸作用被释放出来。

随着光强的增加，二氧化碳的排放量会减少，当光强上升到某一数值之后，二氧化碳的排放就无法被观测到了。这是因为呼吸作用产生的二氧化碳和光合作用吸收的二氧化碳总量相同，因此，从表面上看，二氧化碳的释放和吸收都无法被观测到。这时的光强达到了“光补偿点”。

此外，随着光强的增加，光合作用的速率会加快，最终达到顶点。此时的光强达到了“光饱和点”。光饱和点是植物进行光合作用所需的最大光强。

光饱和点以上的光照强度对光合作用不再起作用。光强单位为勒克斯，大多数植物的“光饱和点”为 2.5 万～ 3 万勒克斯。

那么白天太阳的光强大约是多少呢？晴天时，太阳的光强大约为 10 万勒克斯，也就是说，大部分植物只能利用白天耀眼阳光的大约 1/3 以下的光强。因此，如果暴晒在耀眼的阳光下，植物不但不会感到开心，相反还会觉得很困扰。

32. 为什么夏季要使用温室大棚栽培蔬菜？

正确答案：C 为了遮蔽夏天强烈的阳光以及防止雨水滴落在耕地或植物的果实上

春夏秋冬四季更迭，在温室大棚中种植各种蔬菜已经成为人们习以为常的一道风景线。因此，即使在炎热的夏天，当我们看到温室大棚中种着的番茄，也不会觉得不可思议，甚至会认为“它们是因为喜欢高温，所以才在温室中培养的吧”。

的确如此，番茄原产于高温地区，是一种喜热型蔬菜。但在露天的土地上种植的番茄也会发育得很好并结出果实。因此，仅从温度方面来讲，在夏天没必要将番茄种植在温室大棚中。

此外，在夏天，开门关门时风会从四面八方进入温室中，无法保证温室中的高湿状态。可想而知，这也不是使用大棚的原因。

其实，夏天在温室大棚中种植番茄的原因之一，就是前面提到的夏天过强的阳光。温室大棚有遮挡光线的作用。

另一个重要的原因是防止“果裂”现象。如果在家庭菜园里种植番茄等，果实一旦长熟后，它们的果皮就会开裂。这一现象叫作“果裂”或“裂果”。

果实开始长大时，薄薄的外皮就会和果肉一起生长。长到一定程度时，它们的果皮和果肉就会变红、成熟而停止生长。然而，如果在此之后根部吸收了更多的水分，这些水分就会被输送到果肉，果肉就会再次变大，而由于果皮已经停止生长，所以一旦果肉变大，果皮就会开裂。

为防止这一现象的发生，在果实成熟后，要阻止其根部吸收更多水分，比如不要随意浇水，防止根部在雨天吸收更多的水分。如果蔬菜生长在温室大棚中，即使下雨，根部也不会急速吸收水分。所以，在温室大棚中种植蔬菜，就是因为这样可以很好地将土壤中的水分控制在合适的范围内。

还有一种说法是“成熟的果实一旦淋雨，就会果裂”。在多雨的夏季，温室大棚可以防止果实直接吸收水分。如图 2-19 所示：

图 2-19　番茄果裂（右边的点是虫子啃咬的痕迹）

33. 在同一株嫁接植物中，砧木无法输送到接穗的是什么？

正确答案：**B** 砧木的基因

接穗有时会受砧木产生的物质以及砧木特性的影响。然而，砧木的基因却不会移动到接穗中。

作为砧木的植物所产生的物质会通过嫁接后愈合的部分输送到嫁接的植物中。我们可以用一个实验来更好地理解这一点，即以仅剩几片叶子的牵牛花作为砧木嫁接番薯苗。

番薯在感知到高温及长夜时会长出花蕾。在日本本州地区，番薯要长出花蕾很困难，因为到了夜晚时间较长的季节，气温已经下降，花蕾无法形成，所以番薯的花几乎是看不到的。不过即便这样，我们依然有方法可以让番薯开花。

我们可以在与番薯属同一旋花科的牵牛花上嫁接番薯幼苗。这样一来，只要让牵牛花的叶片经历长夜，被嫁接的番薯就可以长出花蕾，开出花朵。这一现象说明，感知长夜的牵牛花叶片所产生的“形成花蕾并使其开花的物质”会被输送到被嫁接的番薯幼苗中，这样番薯幼苗就可以长出花蕾，开出花朵。

被嫁接的植物会受到砧木根部吸收的养分的影响。这一点也被运用到了黄瓜的种植中。以往的黄瓜，其表面会覆盖一种叫作“果粉”的白色粉状物质。这种白粉是果实自身产生的，它可以避免雨水的侵袭，预防病菌感染，防止果实的水分流失，对于保持果实的味道以及新鲜度十分重要。

然而，这种白色粉末常常被人们误认为是霉菌或者农药而遭到排斥。受此影响，现在的黄瓜多为无果粉黄瓜。这种无果粉黄瓜是通过一种巧妙的方法生产出来的。

黄瓜经常被嫁接到抗病和耐连作的南瓜上。黄瓜果粉中的主要成分是从土壤中吸收的硅酸。不吸收硅酸，黄瓜就不会产生果粉。因此，嫁接时会将硅酸吸收能力较弱的南瓜作为砧木。这样一来，被嫁接的黄瓜无法通过砧木输送硅酸，最终黄瓜就变成了无果粉黄瓜。

不过近来，由于人们重新认识到带有果粉的黄瓜口感较好，所以果粉黄瓜又开始出现在市场上，如图 2-20 所示：

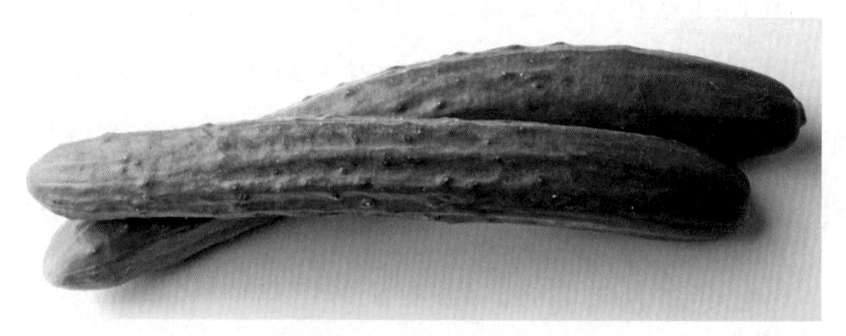

图 2-20　有果粉的黄瓜

34 在夏季，充足的阳光照射在植物的叶片上。那么，在炎热天气中不断进行光合作用的植物会存在所需二氧化碳不足的情况吗？

A．会，因为空气中二氧化碳的含量不足

B．不会，因为空气中二氧化碳的含量适中

C．不会，因为空气中二氧化碳的含量过多

（正确答案和解释详见第 **89** 页）

35 植物将二氧化碳作为光合作用的原料来使用，因此它们会吸收二氧化碳。那么，植物是如何吸收二氧化碳的呢？

A．像人类一样，通过吸入空气来吸收

B．二氧化碳会自动进入植物体内，不用特意吸收

C．植物使用的是自身呼吸产生的二氧化碳，不从空气中吸入

（正确答案和解释详见第 **91** 页）

36 二氧化碳是植物进行光合作用必不可少的原料，如图2–21所示。那么，进行光合作用的植物什么时候才会吸收二氧化碳？

A．只在进行光合作用的白天吸收

B．大部分植物在白天吸收，也有植物在夜间吸收

C．无论哪种植物，白天和夜晚都会吸收

（正确答案和解释详见第 **93** 页）

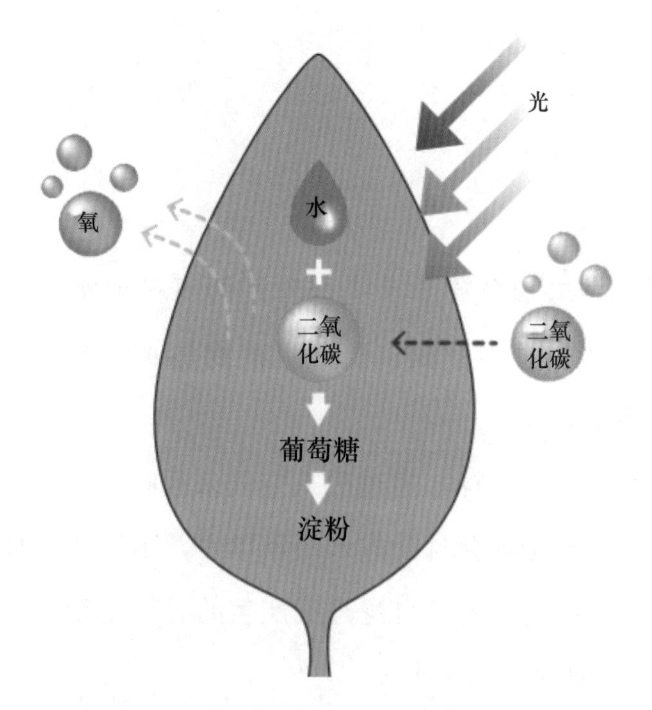

叶片将根部吸收的水和空气中的二氧化碳作为原料，利用光照生成葡萄糖和淀粉，这一过程被称为“光合作用”

图2–21　光合作用的原理

34. 植物会存在所需二氧化碳不足的情况吗？

正确答案：**A** 会，因为空气中二氧化碳的含量不足

植物将根部从土壤中吸收的水和叶片从空气中吸收的二氧化碳作为原料，利用阳光进行光合作用。二氧化碳是光合作用的原料，它对于植物来说是不可缺少且需求量极高的物质。

由于空气中含有大量的二氧化碳，因此人们认为它不可能不足。近年来，甚至还常常听到大气中二氧化碳的浓度在不断上升的说法。

夏威夷的冒纳罗亚观测站从1958年就开始观测并计算大气中的二氧化碳浓度。起初观测时，大气中的二氧化碳浓度仅为0.0315%，但在2013年5月，日平均浓度首次超过0.04%。这在当时的报纸上引起热议，之后更是报出超过0.041%的测定值，变化曲线如图2-22所示。

人们由此认为，对于植物来说，大气中的二氧化碳绝不可能出现不足的情况。然而，事实上，大气中二氧化碳的含量对植物来说是不足的。

白天光照过强，叶片无法充分利用二氧化碳的原因是作为光合作用原料的二氧化碳含量不足，而究其本质则是空气

中二氧化碳浓度较低导致的。空气中的氮含量约为78%，氧含量约为21%，排第三位的是氩，约为1%，而二氧化碳含量仅为0.04%。大气具体的组成成分如表2–4所示。

大家可能会认为，即使浓度低，但由于空气到处都是，所以二氧化碳的可用量也不会不足吧。从理论上来讲的确是这样，但如果你看了第**35**问，理解了植物吸收二氧化碳的原理，那么这一疑问就会迎刃而解。

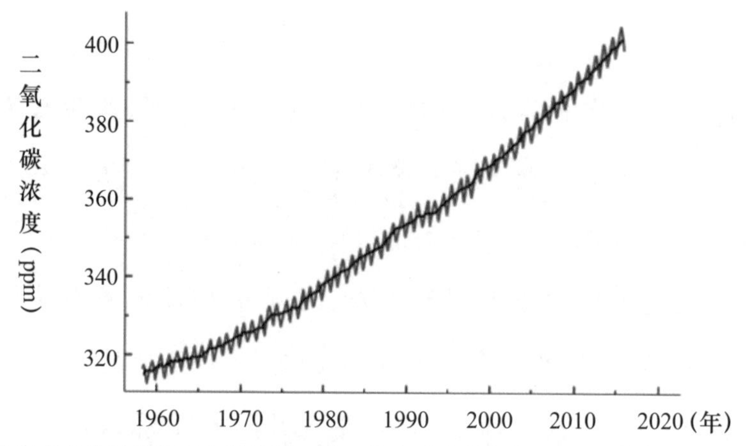

夏威夷岛的冒纳罗亚观测站测定的二氧化碳浓度变化。1ppm代表0.0001%。根据美国国家海洋和大气管理局2019年3月22日发表的数据绘制

图2–22　大气中二氧化碳浓度的变化曲线

表2–4　大气的组成

成分	体积比（%）
氮	78.1
氧	20.9
氩	0.934
二氧化碳	0.039
氖	0.00182
氦	0.000524

35. 植物是如何吸收二氧化碳的呢？

正确答案：**B** 二氧化碳会自动进入植物体内，不用特意吸收

气体有一种性质，即两种不同浓度的气体相遇，最终会达到相同的浓度。也就是说，气体会从高浓度向低浓度方向移动。

空气中的二氧化碳浓度约为 0.04%（400ppm），通过植物叶片上细小的气孔，与叶片内部的二氧化碳相接触。由于二氧化碳在叶片中用于光合作用，因此浓度较低，假设其值为 0.01%，那么空气中的二氧化碳就会利用这 0.03% 的浓度差，进入叶片中（如图 2-23 所示）。

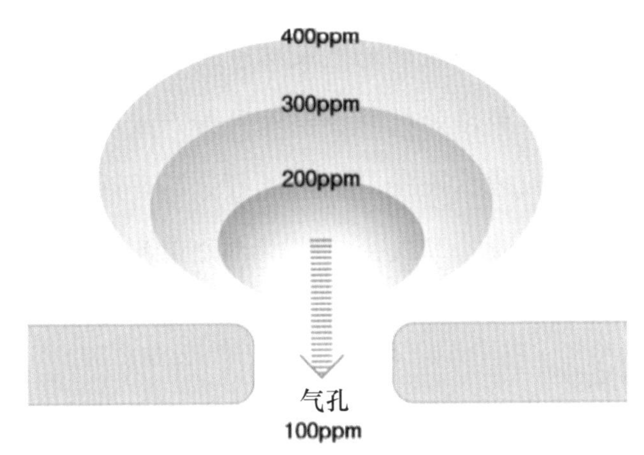

图 2-23　叶片吸收二氧化碳的过程

假设空气中二氧化碳的浓度为1%，那么它就可以利用1%和0.01%的浓度差更多地进入植物的叶片中。

因此，如果空气中的二氧化碳浓度低，叶片吸收的二氧化碳量就会减少，不足以进行光合作用。第**34**问中提到的“对于植物而言，空气中的二氧化碳含量不足”的正确说法应该是“空气中的二氧化碳无法进入植物叶片中，导致光合作用的原料不足”。

如果只考虑植物的光合作用，那么大气中的二氧化碳含量上升应该是一件值得高兴的事。但是，大气中二氧化碳含量上升会导致全球变暖。一旦全球变暖，地球气候就会发生改变，气候一旦改变，降水量等气候指标就会随之变化。有的地区降水量增多，而有的地区降水量减少，其结果就是，长期生长在这些地区的植物已经适应了当地的气候，降水量一旦突然改变，那么植物的生长环境就会恶化。水稻、蔬菜以及水果等人工栽培的植物会陷入更加严峻的境地。其原因在于，为了适应地区气候，人们进行了品种改良，掌握了种植的技巧。降水量一旦发生变化，无论是品种特性还是种植技巧都会失去效果。加上植物的生长环境恶化，最后的收成也会大幅减少。

因此，对于大气中二氧化碳浓度升高这一情况，我们必须慎重对待。

36. 植物在什么时候才会吸收二氧化碳？

正确答案：**B** 大部分植物在白天吸收，也有植物在夜间吸收

在光合作用中，二氧化碳是必不可少的。当可用于光合作用的阳光照在植物上时，植物会吸收大量的二氧化碳，因此它们必须将气孔张开到最大的程度。

然而，张开气孔，植物的水分就会流失。虽说如此，但如果为了防止水分流失，气孔一直闭合，那么即使有可用于光合作用的阳光，由于植物叶片无法吸收二氧化碳，光合作用也无法进行。

这是植物的烦恼，特别是生长在干燥地区的植物，打开气孔，水分就会蒸发流失，它们一定十分苦恼。

在为此而烦恼的植物中，出现了一些身怀绝技的品种，它们认为“既然是这样，那我就在光照强烈的白天关上气孔，防止水分蒸发，在没有阳光的凉爽夜晚张开气孔吸收二氧化碳”。

这些植物在夜晚的黑暗条件下吸收二氧化碳并储存在“身体”当中。（由于没有光，在黑暗中吸收的二氧化碳无法直接用于光合作用，只能先储存在“身体”里）

到了早晨阳光照耀的时候，植物就拿出储存好的二氧化

碳，利用阳光的能量，进行光合作用。

拥有这种特性的植物被称为“CAM 植物”。这种植物的代表为景天。“CAM”是“景天酸代谢”的英文全称即“Crassulacean Acid Metabolism”各单词的首字母缩写。

目前，景天科的景天和落地生根（如图 2-24 所示）、仙人掌科的仙人掌、凤梨科的菠萝和凤梨、禾本科的芦荟(之前归类为百合科）等抗旱性强的多肉植物，已经作为 CAM 植物被人类普遍认识。

CAM 植物的一种，可从叶片中长出嫩芽

图 2-24　落地生根

37 夏去秋来，又有很多植物开始绽放花朵。这些植物的叶片把某种外界刺激当作信号来感知秋天的到来。那么，秋季开花的植物感知秋天到来的信号是什么？

A．夏天过去后下降的气温

B．逐渐变短的白昼

C．逐渐变长的夜晚

（正确答案和解释详见第 96 页）

38 在秋季开花的植物，通过第 37 问说到的某种刺激来感知时间。长出花蕾的关键是芽，而叶片感知到的这种刺激必须传达给芽。那么，叶片怎样向芽传达“长出花蕾”这个信号？

A．叶片产生某种物质，并将其输送到芽中

B．叶片中某种物质减少，继而由芽反向传输

C．叶片向芽发出某种电波信号

（正确答案和解释详见第 99 页）

39 假设我们对花草进行一些温声细语的鼓励，那么试想一下，和未被鼓励的花草相比，被我们温声细语对待的花草会开出怎样的花朵？

A．又大又美丽的花朵

B．有着美丽颜色的花朵

C．大小和颜色较之前并无明显变化的花朵

（正确答案和解释详见第 101 页）

37. 秋季开花的植物感知秋天到来的信号是什么？

正确答案：C 逐渐变长的夜晚

“为什么很多植物会在春天开花”这一问题的答案就是本书第 1 问中所说的“因为临近夏天”。同样，“为什么很多植物会在秋天开花”这一问题的答案就是“因为临近冬天”。

对于抗寒性较弱的植物来讲，寒冬并非是适宜生长的环境。因此，为了能够以种子的形态度过寒冷的冬天，抗寒性弱的植物会在秋天开花后产出种子。换言之，秋天开花的植物在秋天就能感知到寒冷即将到来。那它们是如何知道的呢？答案是“叶片可以推测出夜晚的长度”。我们继而会有以下疑问：“既然能推测出夜晚的长度，那它们应该也会提前知道酷暑的到来吧？”答案是肯定的。

接下来，让我们试着思考一下夜晚长短和气温变化的关系。过了 6 月下旬的夏至后，夜晚就开始逐渐变长。一年中夜晚最长的一天是 12 月下旬的冬至，最冷的月份是 2 月。夜晚长度的改变大约比气温改变提前两个月。因此，通过感知夜晚长度，植物的叶片可以提前两个月左右感知寒冷的到来。

那么，我们可能又会有这样的疑问：“真的有很多植物可以通过感知夜晚的长度促进花蕾的形成并开花吗？”针对这一疑问，我们可以用常见的牵牛花举例，并通过图 3–1 来回答。

*即使用纸箱盖住植株，使芽处于黑暗当中，如果时长较短（约 9 小时以下），也无法长出花蕾。由此可得，芽可以通过感知夜晚长度来促进花蕾的形成并开花

图 3-1　芽通过感知夜晚长度来促进花蕾形成的实验

38. 叶片怎样向芽传达“长出花蕾”这个信号？

正确答案：A 叶片产生某种物质，并将其输送到芽中

花蕾在芽中形成，但其实只需要让叶片经历夜晚，花蕾就能形成，因此，感知花蕾形成所必需的夜晚长度的是植物的叶片。

在植物的结构中，叶片和芽是分开的。因此，感知到夜晚长度的叶片和芽之间就要“商量一个长出花蕾的暗号”。植物没有动物那样的传输神经，那它们是怎样“商量暗号”的呢？

1936年，苏联学者柴拉轩（Chailakhyan）提出假说：花蕾形成所必需的夜晚长度会被叶片所感知，叶片中会产生一种能催生出花蕾的物质，并将其输送到芽中。这一物质被命名为“成花素”。

因此，世界上众多研究者都试图从感知夜晚长度的植物叶子中提取成花素，但从柴拉轩提出假说至今已经过去了80多年，成花素仍未被成功提取。

然而，近年来，人们使用拟南芥揭开了成花素的真面目。拟南芥在感知到花蕾形成所必需的夜晚长度后，叶片中有一种名为“FT”的基因开始转录。如果人为地停止该基因

的转录，花蕾的形成就会放缓。反之，如果人为地加快该基因的转录，花蕾就会加速形成。此外，人们发现，在感知夜晚长度的叶片上，由这种基因指导合成的蛋白质会从叶片转移到芽上。因此，人们认为“FT”基因指导合成的这种蛋白质就相当于成花素，如图 3-2 所示。

这一机制同样适用于水稻。水稻中有一种名为“Hd3a”的基因，在感知到花蕾形成所必需的夜晚长度后，叶片中的该基因就会开始转录。人们认为正是这一基因指导合成的蛋白质催生了花蕾。

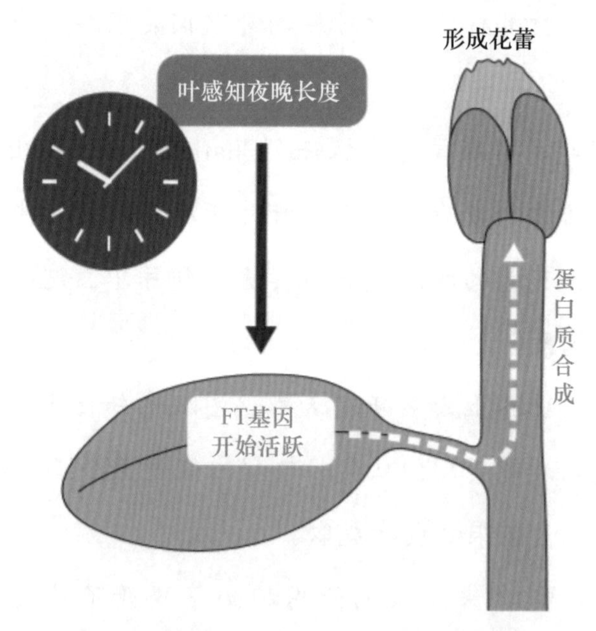

图 3-2　拟南芥的 FT 基因和花蕾形成的关系

39. 被我们温声细语对待的花草会开出怎样的花朵？

正确答案：C 大小和颜色较之前并无明显变化的花朵

人们常说：用温声细语对植物进行鼓励，它们就会开出美丽的花朵，好像植物能听懂人的语言似的。然而，令人遗憾的是，即使温柔地鼓励植物生长，它也不会开出特别美丽的花朵。

不过，也有人根据自己的经验认为用温声细语鼓励植物，它们的确开出了更美丽的花朵。但这种人其实是一边用语言温柔鼓励，一边用手抚摸或触摸植物。植物虽无法理解语言，但却可以感受到“被触摸”。

与未被触摸的植物相比，感受到触摸的植物的茎更粗，生长缓慢，个头较矮。这是因为本来用于伸长的养分被用在了变粗上，这样植物的茎才会变得短粗又结实。

植物开的花必须是自己“身体”所能承受的大小。若花朵过大，花茎就会因承受不住而倒下。因此，如果植物的茎较短粗而结实，它就可以开出更大、更美的花朵。

与之相反，未被触摸的植物的茎比较细，个头也比较高。因此，这类植物无法支撑又大又美的花朵，只能开出自己能承受的小花。

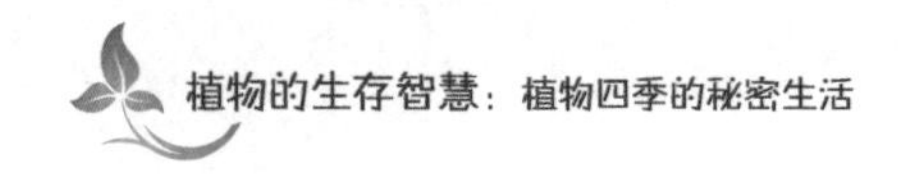

植物能够开出又大又美的花朵，是人们一边用语言温柔地鼓励，一边用手触摸或抚摸的结果，这绝不是因为植物能听懂人们所说的话。

即便如此，在做了这么一番解释之后，仍会有人怀疑：“植物能感觉到人的触摸而开出美丽的花朵，那说不定也能理解人所说的温声细语呢。”为了让这些人充分理解“植物无法听懂人类语言”，只需要通过一个简单的实验即可证明。

我们不用每天温声细语地鼓励植物，而是说些坏话，比如一边严厉斥责，一边抚摸植物，让其在这种情况下生长。这些植物还是会和被温柔鼓励并抚摸的植物一样，开出美丽的花朵，如图 3-3 所示：

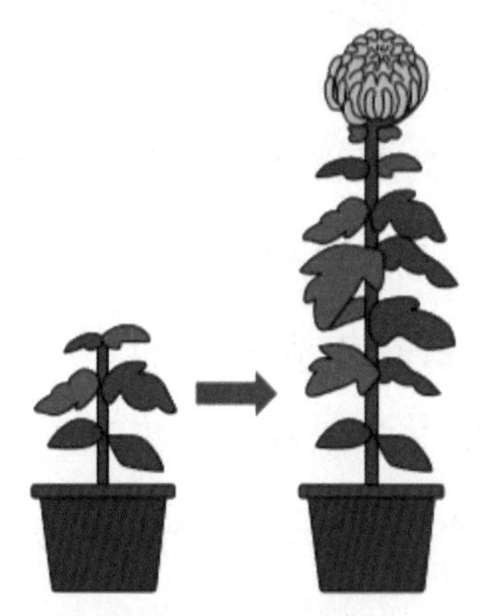

植物一旦受到被触摸的刺激，就会在体内产生一种叫“乙烯”的气体。乙烯有抑制茎的伸长、使茎变粗的作用。因此，当植物感受到接触的刺激时，乙烯就会使茎变粗、变短，使其长出矮壮的芽

图 3-3　植物的接触实验

40 到了秋天，有很多树叶都变成了黄色的，如图 3-4（右）所示。那么，绿叶是如何变成黄叶的？

A．秋天树叶中绿色的色素会消失

B．秋天树叶中绿色的色素会消失，并产生黄色的色素

C．秋天树叶中绿色的色素变成了黄色

（正确答案和解释详见第 104 页）

41 到了秋天，有很多树叶都变成了红色的，如图 3-4（左）所示。那么，绿叶是如何变成红叶的？

A．秋天树叶中绿色的色素会消失

B．秋天树叶中绿色的色素会消失，并产生红色的色素

C．秋天树叶中绿色的色素变成了红色

（正确答案和解释详见第 106 页）

图 3-4　叶片变红的伊吕波枫（左）和叶片变黄的银杏（右）

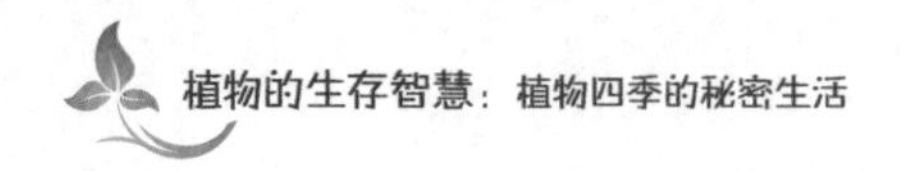

42 绿叶变成漂亮的红叶需要满足哪些条件？

A．白天日照较强且热量充足，夜间降温

B．白天日照较强且热量充足，夜间温暖

C．白天日照不足，夜间降温

（正确答案和解释详见第 108 页）

40. 绿叶是如何变成黄叶的？

正确答案：A 秋天树叶中绿色的色素会消失

到了秋天，银杏的叶子就会变成漂亮的黄叶。黄叶的特征是在不同的树上体现颜色之美，不会因地点和年份的不同而产生差异。

比如，我们不太会听到“这棵银杏颜色很正”“那棵银杏颜色不正”这样的话。这是因为人们通常不会去比较不同地点银杏的颜色，而只会感叹“那些银杏行道树好美啊”。这并不是指单独哪一棵树很漂亮，而是指很多棵黄叶银杏树聚集在一起才成为路边一道靓丽的风景线。

此外，我们也不太会听到“今年的银杏颜色很正”“今年的银杏颜色不正”这样的话。人们通常也不会去比较不同年份的银杏颜色，因为即使年份不同，银杏的颜色也不会有什么大的差别。

叶片变黄并不是植物到了秋天特意制造黄色的色素，而是已经形成的色素在这个时候显现了出来。早在夏天，树叶还是绿色的时候，黄色色素就已经被制造出来了。

绿色的色素叫作“叶绿素”，黄色的色素叫作“类胡萝卜素”。叶绿素所呈现的绿色从春天开始就一直在叶片上，十分显眼。类胡萝卜素的黄色不如绿色浓郁，因此即使存在也并不显眼。

不过，绿色色素的抗寒性较弱，到了秋天，气温一旦下降，绿色色素就会被分解，从叶片中消失。这样一来，原本不如绿色浓郁的黄色色素就变得显眼，叶片也就呈现出了黄色。

不同年份，秋天气温下降的情况也不尽相同。气温下降较早的时候，绿色色素也消失得早，黄叶自然会提前出现。反之，秋天气温下降较晚，绿色色素消失得晚，黄叶也就来得晚。因此，人们会说“今年黄叶来得早”“今年黄叶来得晚”，可见年份不同，黄叶的到来也会有早晚之分。

如果冬季来临，气温下降明显，绿色色素就会很快消失。这时“隐藏”的黄色色素就会变得显眼，叶片一定会变成黄色。因此，虽然银杏叶片颜色变黄的时间有早晚之分，但银杏的颜色之美不会因年份和地点的改变而不同。如图 3–5 所示：

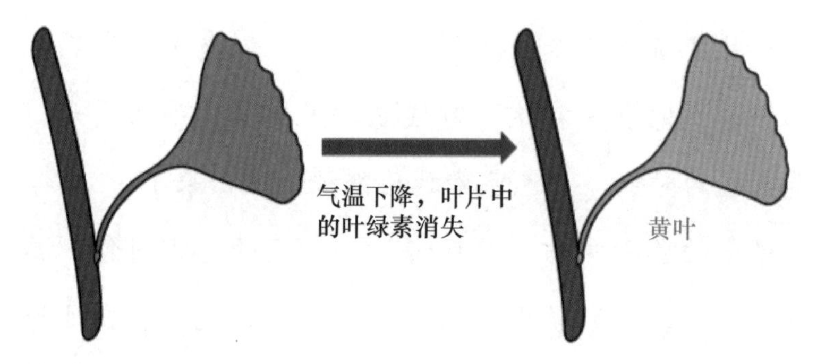

作为黄色色素的类胡萝卜素，在叶片呈绿色的时候就已经被制造出来了。由于被绿色的叶绿素遮盖，黄色并不显眼

随着气温下降，叶片中的叶绿素减少，隐藏着的类胡萝卜素逐渐变得显眼，叶片就变成了黄色

图 3–5　银杏叶变黄的原理

41. 绿叶是如何变成红叶的？

正确答案：B　秋天树叶中绿色的色素会消失，并产生红色的色素

秋天红叶的代表是枫树。这种树叶的颜色会受到年份的影响，因此我们常常会听到这样的话，“今年红叶的颜色很正”“今年红叶的颜色不正”。另外，就像有的人说的那样，“这儿的枫树颜色很正”“那儿的枫树颜色不正”等，红叶

的颜色也会受到地点的影响。无论是哪一处观赏红叶的胜地，树叶的颜色都会因年份和地点的不同而产生差异。

其原因是，树叶为了变红，必须要产生一种名为“花青素”的红色色素。花青素产生的条件会在第42问中提及，在此之前，我们先来看一下树叶要完美变红所需的前提条件。

这一条件，就是绿色色素——叶绿素必须要消失。第40问中讲到，叶绿素遇冷会消失。因此，A选项中所说的“秋天树叶中绿色的色素会消失”对于树叶变红也十分重要，但如果仅是绿色色素消失，树叶也不会变红。

大家可能觉得不可思议，为什么枫树的叶片会变红呢？遗憾的是，形成这种现象的机制尚不明确，只能说使枫叶变红的红色色素是花青素。本书第27问也提到过，花青素是一种可以消除阳光中紫外线危害的物质，因此，它的重要作用可想而知。

枫树的枝条上到处都有小小的芽，它们会在第二年春天萌发，培育下一代。然而秋天的阳光中含有大量的紫外线，为使这些芽不受紫外线的伤害就必须要把它们保护起来。红叶中的花青素会吸收紫外线，在阳光变弱的冬季来临前，花青素可以一直保护这些即将在春天活跃生长的芽不受伤害，如图3-6所示：

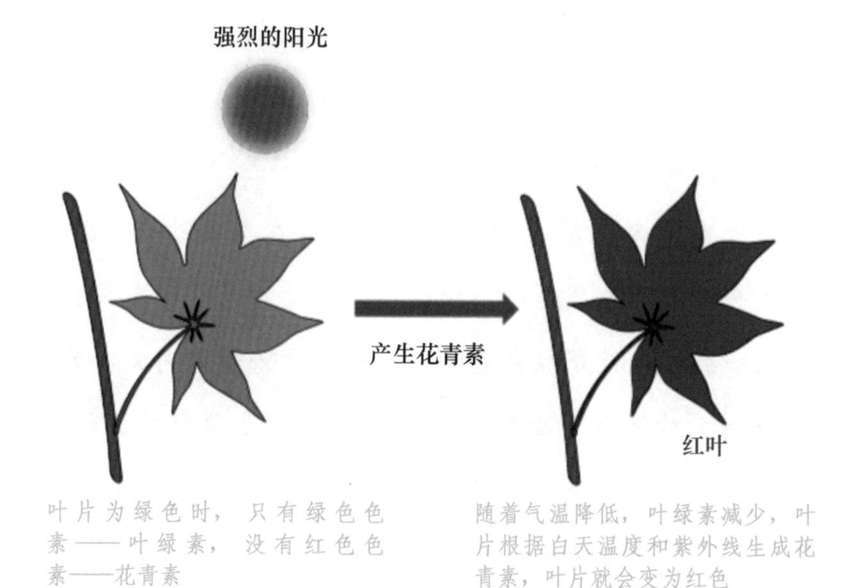

图 3-6　枫叶变红的原理

42. 绿叶变成漂亮的红叶需要满足哪些条件？

正确答案：A　白天日照较强且热量充足，夜间降温

植物产生大量花青素的一个重要条件是白天热量充足、日照较强且富含紫外线。花青素是植物本身为了消除紫外线伤害而产生的物质，所以接受紫外线照射就必不可少。

除此之外，要想变成美丽的红叶，叶片中含有的绿色色素也必须消失。要想让叶绿素消失，夜晚就必须降温变冷。

而产生花青素需要温暖的环境，因此白天的热量必须要充足。

白天的热量和夜晚的降温情况每年都有所不同，因此每年都会有人说红叶的“颜色很正”或“颜色不正”。

此外，昼夜温差也会因地点不同而有所差异；由于阳光的照射方式不同，紫外线照射情况也会因地点不同而发生变化。因此红叶的颜色在不同年份和不同地区都有差异。

在此之后，变红的树叶需要生活在高湿的环境才能保持其状态。湿度一旦过低，叶片就会干燥并枯萎。

说到红叶观光胜地，它们大多位于小山的半山腰处峡谷的斜面上。这种地方光线强烈，热量充足，夜晚降温变冷，而且空气清新，白天紫外线充足。斜面下的山谷中有连绵的水流，可以保证湿度。作为日本三大红叶观光胜地的京都府岚山、栃木县日光市和大分县的耶马溪，都满足以上这些条件。

在公园或者家里的院子，哪怕是同一棵枫树的叶片，首先变红的都是受光较好、吹过夜晚的冷风且居于高处的外侧树叶。试着去观察一下身边的枫叶是怎样变红的吧。

绿叶变红的条件如表 3-1 所示：

表 3-1　绿叶变成美丽红叶的条件

①白天接受含有充足紫外线的阳光照射→产生花青素	
②夜晚降温→叶绿素消失	
③湿度较高→叶片不易干燥或枯萎	

43 秋天很多植物都会落叶，如图 3-7 所示。那么，树木落叶是怎样发生的？

A．叶柄根部枯萎，叶片由此脱落

B．叶片与叶柄之间的部分枯萎，叶片由此脱落

C．叶柄与茎之间的部分枯萎，叶片由此脱落

（正确答案和解释详见第 112 页）

图 3-7　银杏的落叶

44 树木用来抵御寒冬的越冬芽在秋天就已经出现了。那么，树木产生越冬芽的契机是什么？

A. 阳光强度逐渐减弱

B. 气温逐渐下降

C. 夜晚逐渐变长

D. 空气逐渐变得干燥

（正确答案和解释详见第 114 页）

45 本应在春天开放的樱花，有时也会在秋天开放。那么，为什么秋天也会有樱花盛开？

A．夏天毛虫啃食了树叶等问题导致的

B．由于春天般温暖的天气在秋天持续

C．秋季降温后的天气像春天般持续回暖

（正确答案和解释详见第 116 页）

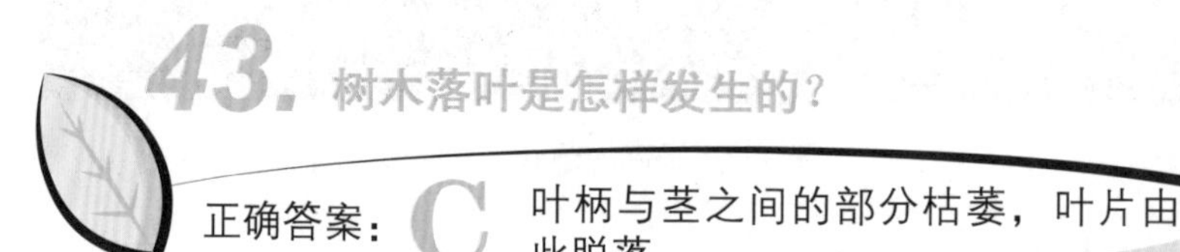

春天开始生长的树叶，在晚秋会枯萎凋零，这一现象叫作“落叶”，这些秋冬季节叶片全部脱落的多年生植物叫作“落叶植物”。

有一种从秋天吹到初冬的强冷风，日语写作“木枯らし”或“凩”，看字面总给人一种草木凋零的印象。然而，叶片的枯萎脱落并不是受到风的影响，而是树木自身“主动”进行的活动。

在寒冬接近时，叶片会“感到”自己即将失去作用，并

“觉得”是时候离开了。叶片的最终使命，就是为枯萎凋零做准备。

叶片在枯萎脱落前，其所含的淀粉、蛋白质等营养物质会回到树木中，这些营养物质对于树木的生长来讲十分重要。

因此，这些营养物质有时会被树木直接利用，有时会以种子或果实的形态储藏起来，有时也会储藏到春天抽出的芽或地下的根部中。

叶片是做足准备工作后主动枯萎脱落的，这不仅是叶片要让营养回到树木中，更主要的原因是叶片“主动”地发出指令，枯萎脱落的部分才得以形成。

叶片上绿色的宽平部分叫作“叶身”，将其与枝干连接起来的部分叫作“叶柄”，两者共同构成一片树叶。叶片会在枯萎脱落前，于叶柄根部附近形成“需要切断的位置”，这个位置叫作“离层”。

叶片会在离层区从树枝脱落。刚落下的叶片，其叶柄顶端仍呈现较鲜嫩的颜色。虽然叫“枯叶”，但叶片其实并不是先枯萎才脱落的。

离层并不是靠枝干，而是在叶片的推动下才形成的。持续生长的叶片中会生成生长素并将其源源不断地输送到叶柄中，这样生长素就会阻碍离层的产生。而当叶片“感知”到自己到了离开的时候，它便会停止输送生长素，主动促成离层的产生，然后枯萎脱落，如图 3-8 所示：

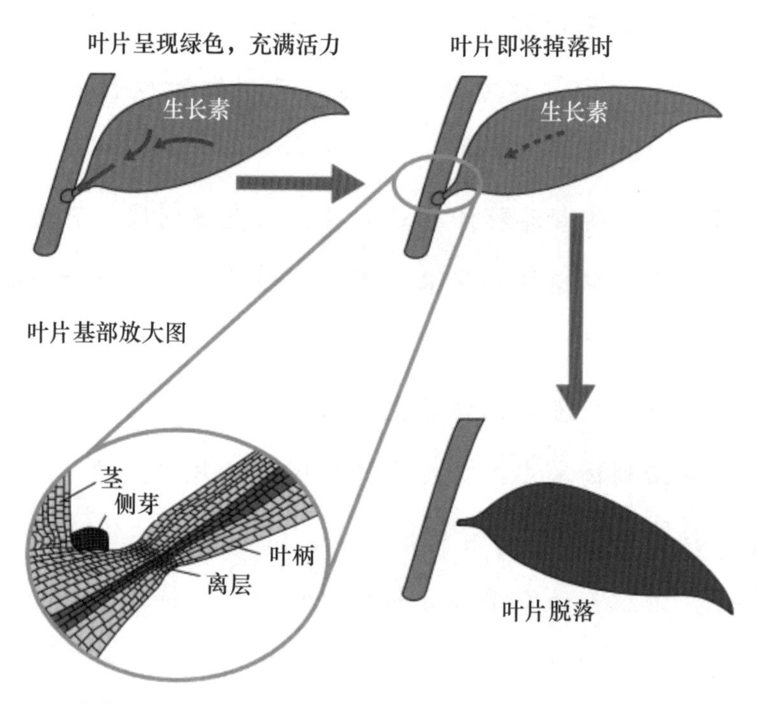

生长素停止从叶身输送至叶柄时，叶柄基部就会产生离层，叶片将从此处断开

图 3-8　树木落叶的原理

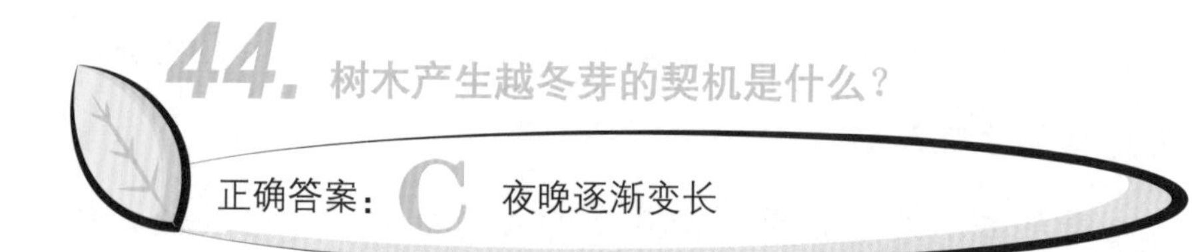

44. 树木产生越冬芽的契机是什么？

正确答案：C　夜晚逐渐变长

越冬芽可以抵抗寒冬，因此必须要在寒冬来临之前形成。产生越冬芽的树木，必须要有预判寒冬来临的本领。那么秋天的树木是怎样预判寒冬来临的呢？

答案是树叶会测量夜晚的长度。第 37 问中讲过，秋天开花的植物会预判寒冬的到来，二者的原理是相同的。先来复习一下夜晚长度和气温变化之间的关系。

过了夏至，夜晚会逐渐变长。冬至是一年中夜晚最长的一天，这一天在 12 月下旬，而冬天最冷的时候是 2 月左右。由此可知，夜晚长度的变化节点比严寒到来早两个月左右。因此，如果叶片能测量夜晚的长度，就能够大约提前两个月预测到寒冬的来临。

叶片能够感知到逐渐变长的夜晚，但产生越冬芽的却是“芽”。因此，能感知夜晚长度的叶片必须将寒冬即将来临的信号传递给芽。

植物并不具有动物神经那样的外界刺激传达方式，叶片会根据夜晚长度的变化产生一种叫作“脱落酸”的物质并将其输送至芽中。芽中的脱落酸一旦增多，就可以产生包裹花蕾的越冬芽，具体原理如图 3-9 所示：

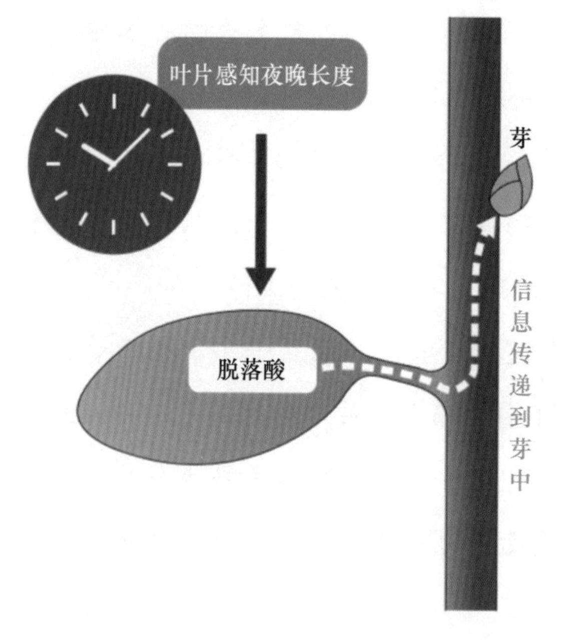

从夏至秋，夜晚逐渐变长，叶片可以感知到这一点。由于芽会产生越冬芽，因此一旦叶片感知到夜晚逐渐变长，就必须把寒冬即将来临的信号传递给芽。同时叶片会适应夜长并产生脱落酸，然后将其输送至芽中。芽中的脱落酸一旦增多，就可以产生用于包裹花蕾的越冬芽。如此一来，夏天形成的花蕾，就被包进越冬芽中，等待春天的到来

图 3-9　树木产生越冬芽的原理

45. 为什么秋天也会有樱花盛开？

正确答案：A　夏天毛虫啃食了树叶等问题导致的

第 4 问中介绍到，樱花的花蕾形成于夏天。秋季降温后，有时天气回暖，一段时间内持续春天般的温暖也并非不可能。不过人们经常见到秋天开放的樱花，其主要原因是夏天树叶被毛虫啃食光了。

为了更好地理解樱花在秋天开放这一现象，我们必须了解，春天开放的樱花花蕾在上一年就已经产生了，但它们并

不在秋天开放，而是被包裹在可以抵抗寒冬的坚硬的越冬芽中。在这一过程中，树叶发挥了很关键的作用。

如果你理解了第 44 问中讲的越冬芽的形成过程，就可以知道樱花在秋天开放的原因。叶片会感知夜晚长度的变化并产生脱落酸，然后将其输送至芽中，由此就产生了越冬芽。那我们不妨试想一下，如果树叶被毛虫啃食光了，会怎样呢？

没有了叶片，即使到了秋天，樱树感知不到夜晚的长度就无法产生脱落酸，自然也无法将其输送至芽中。这样一来，越冬芽自然也不能形成，花蕾就无法被包裹进越冬芽中。因此，花蕾就会在气温回暖的秋天开放，如图 3-10 所示：

和春天开花时相比，秋天的樱花花片较大。有的樱树不受树叶有无的影响，春秋均会开花

图为四季樱（日本爱知县丰田市川见町）

图 3-10　春秋都会开花的樱树

46 本应在春季开放的樱花，有时会在秋季台风后盛开。那么，为什么台风过后樱花会盛开？

A．强烈的台风导致树叶被刮落

B．降雨量少的台风导致树叶枯萎

C．降雨量多的台风导致树叶枯萎

（正确答案和解释详见第 120 页）

47 秋天公布的“来年春天花粉飞散预报”准确吗？

A．只不过是预测，缺乏根据，可能准，也可能不准

B．“本年度花粉多，来年花粉就少；本年度花粉少，来年花粉就多”，基本准确

C．在秋天调查雄花花蕾的数量和发育情况后得出的预报结果，基本准确

（正确答案和解释详见第 122 页）

48 植物发芽的三个必要条件是适宜的温度、水和空气（氧气），如图 3-11 所示。但“光”并未被列入必要条件中。那么，不接受光照就不会发芽的种子存在吗？

A．光未被列入三大条件中，因此不存在这样的种子

B．没有光照，种子即使发芽后也无法生存，因此存在这样的种子

C．种子感受不到光，因此不存在这样的种子

（正确答案和解释详见第 **124** 页）

图 3-11　水培种植的小叶生菜发芽

46. 为什么台风过后樱花会盛开？

正确答案：B 降雨量少的台风导致树叶枯萎

秋天的台风会让树叶掉光，主要不是因为风吹，而是由于“盐害”，顾名思义，就是盐带来的危害。台风带来含有盐分的海水，树木的叶片上沾上这些盐水，由于盐的存在，树叶就会枯萎脱落。

台风发生时一般会伴随着雨水，即使被台风带来的盐分沾到了叶片上，也会被雨水冲洗掉。然而，当降雨量少的台风来临时，盐水不会被冲洗掉，这时就会发生盐害。樱花正是因此才盛开的（如图 3-12 所示）。这是樱花因台风而开放的特殊现象。

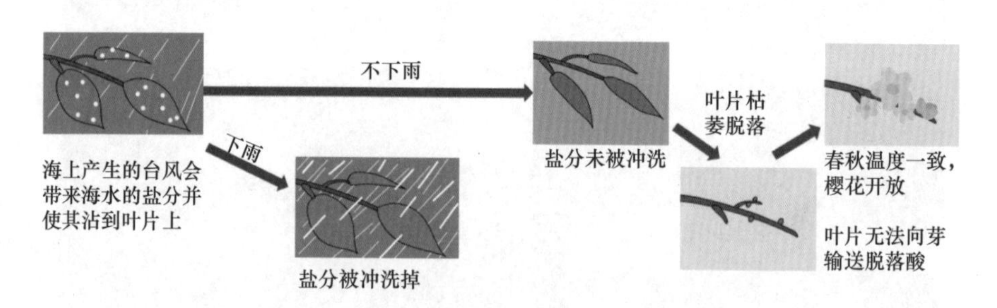

图 3-12　由于盐害叶片枯萎、樱花开放的原理

秋天樱花开放的原因是台风造成的叶片枯萎脱落。这一现象并不是因为樱花搞混了季节，而是植物基于一定的自身机制而发生的。

樱花于时令以外的秋季开放被称为“不合时节的开花”，或者更难听的说法叫作“反常花”。然而，不知是不是人们了解了上文说到的机制，在2018年秋，日本台风过境后，各家媒体都将日本各地盛开的樱花称为“台风的礼物”或“台风的馈赠”。

人们总会担心如果樱花在秋天开放，那么来年春天还会不会再开。如果夏天形成的花蕾在秋天开花，那么花蕾就不会在来年春天继续开放了。不过，即使我们感觉秋天有很多樱花都开放了，但其数量远没有想象的那么多。所以在第二年春天，人们还是可以当作什么都没发生过一样，享受赏花的乐趣。

47. 秋天公布的“来年春天花粉飞散预报”准确吗？

正确答案：C 在秋天调查雄花花蕾的数量和发育情况后得出的预测结果，基本准确

春天花粉的飞散量是由上一年夏天的气温和之后雄花的生长情况决定的。不过，对于杉树来讲，产生花粉需要很多的能量。因此，杉树的花粉不会每年都有那么多。

人们预想，不消耗自身能量而将其储藏起来的树木，第二年春天就会释放出格外多的花粉。因此，如果花粉少的年份不断持续，那么每几年就会出现一次有大量花粉飞散的年份。

然而，每年秋天的花粉飞散预报说“来年春天花粉较少”或“来年春天花粉为往年的五六倍”等，其实是有两个确切依据的，因此这份预报基本准确。

杉树是产生花粉的雄花（如图3-13所示）和产生种子的雌花分别开在两棵树上的植物（雌雄异株）。它们的花蕾都在夏季形成。此外，7月份温度越高，产生花粉的雄花花蕾也就越多。

因此，为了预报第二年春天飞散的花粉量，首先要调查夏天形成的雄花数量。这是预报的根据之一。

图 3-13　杉树的雄花

其次就要在秋天观察这些花蕾的生长情况。如果它们生长得不好，春天就不会开出很多花；反之，若这些花蕾生长较好，就可以预测来年春天花粉量较大。这是预报的第二个依据。

雄花在秋季到冬季会停止生长，因此花粉预报也在此时产生。春天飞散的花粉量事实上也会受到之后气温的影响，但依据到此为止的观察已经能够相对准确地进行预报了。因此，秋季的花粉预报基本上是准确的。

48. 不接受光照就不会发芽的种子存在吗？

正确答案：B 没有光照，种子即使发芽后也无法生存，因此存在这样的种子

被人工栽培的植物在发芽后，人们会给它们营造适宜生长的环境，只要满足了发芽的三个条件，它们就会顺利发芽。不过，在自然界中无依无靠的杂草等植物，就算满足了发芽的三个条件也不一定会发芽。这是因为发芽的三个条件中没有“光”。

如果种子在没有光的地方发芽，萌发的芽虽然可以在短时间内依靠种子里储藏的养分来生长，不过在此之后，植物为了制造生长所必需的营养物质，必须要以水和二氧化碳作为原料，利用光照来进行光合作用。如果不接受光的照射，萌芽最终会枯萎。只要保持种子的状态，那么植物就能够避开恶劣的环境继续生存下去。

所以，如果种子处于发了芽也无法生存的环境，那还是不发芽更好。在有利于发芽后成长的环境到来之前，种子默默等待发芽的时机才是上策。

因此，当需要光照才能发芽的种子处于没有光的环境中时，即使满足了发芽的三个条件也不会正常发芽。也就是说，即使种子有发芽的能力，但如果不满足发芽三大条件以

外的某个重要条件，也是不会顺利发芽的。种子的这种状态被称为“休眠”。

1907年，德国人金策尔以德国国内生长的965种植物作为研究对象，调查了它们的种子发芽是否需要光。调查结果显示，有672种植物的种子没有光就无法发芽，258种植物的种子虽然在强光状态下发芽过程并不顺利，但光照也是发芽的必需条件。965个种类当中，只有35种植物的种子发芽不受光的影响。

由此可见，有光才能发芽的植物数量较多。发芽对光有要求的种子被称为“需光发芽种子”；与此相对，光会阻碍其发芽的种子被称为“需暗发芽种子”，具体对比参见表3–2：

表3–2 需光发芽种子和需暗发芽种子的实例

需光发芽种子（光照促进发芽）	需暗发芽种子（光照阻碍发芽）
月见草、紫苏、三叶草、生菜、车前草、烟草等	南瓜、鸡冠花、番茄、黄瓜、仙客来、宝盖草等

播撒种子时，种子被埋得太深则无法发芽。播种时应均匀播种，轻轻覆土栽培。图为小叶生菜	种子被播撒后，一旦有光照就无法发芽。一般是在地上挖洞并放入种子，然后覆土栽培。图为黄瓜

49 大多数植物会在秋天形成种子，在春天发芽。这些植物的种子在发芽时，“春天般的温度、水、空气（氧气）”是必需的三个条件。那么，秋天形成的种子如果具备发芽的三个条件会在当季发芽吗？

A．大约一周内会发芽

B．几周内会发芽

C．永远不会发芽

（正确答案和解释详见第 128 页）

50 秋季也被称为“味觉的秋季”，应季水果的种类五花八门，有时甚至还能看到新品种上市。那么，怎样才能增加新品种水果的植株数量？

A．用种子培育树苗

B．切断树枝进行嫁接

C．切断树枝进行扦插

（正确答案和解释详见第 130 页）

51 人们会在秋季把来年春天开花的郁金香、风信子、水仙等球根类植物的球根放在花坛中培育，如图 3-14 所示。那么，为什么要在秋天种植球根并让其经历冬季的严寒？

A．不经历严寒，花蕾无法形成

B．不经历严寒，花蕾无法生长

C．如果到春天再培育球根，抽芽就会过晚

（正确答案和解释详见第 132 页）

图 3-14　春天开花的秋种植物的球根

49. 秋天形成的种子如果具备发芽的三个条件会在当季发芽吗？

正确答案：C 永远不会发芽

本题其实带大家复习了第11问。只需要一个简单的实验，就可以确认“秋天形成的种子如果不感受严寒就无法发芽”这个道理。

我们采下秋天刚刚成熟的种子立刻进行播种。在培养皿中放上含水的纸巾，将种子播撒在上面。可以发现，即使将培养皿放在温暖的房间里，种子也几乎不会发芽。

再准备一个相同的培养皿，将其放入冰箱中，不久后拿出。当种子回到适合发芽的室温中时，就会发芽（如图3–15所示）。

在一定时间范围内，放入冰箱的时间越久，种子的发芽率就越高。以此就可以确定，在秋天，结出的种子若不经历冬天的低温就无法发芽。

如果秋天形成的种子直接在当季发芽，那么芽就会在将要来临的冬天里由于经受不住严寒而枯死。秋天的种子从表面上看是完整的，但它其实并不具备发芽的能力，只有经历了冬季的严寒才能成功发芽。

秋天的种子不经历低温就无法发芽，这对于只能在大自然中度过冬天的植物是有利的。藜、狗尾草、美洲豚草等杂草的种子以及白蜡树、枫树、鹅掌楸、核桃、苹果、桃子等的种子都具有这种特征。一旦发芽就无法再躲避严寒的植物就依靠这种特征实现对种群的保护。

经历低温前的种子中多含有阻碍发芽的脱落酸。遇到低温时，脱落酸会减少。脱落酸可以抑制种子发芽，与之相反，赤霉素会加快种子发芽。当种子经历低温后，气温一旦升高，赤霉素就会增多。第 **12** 问中讲过赤霉素是一种能够加快种子发芽的物质。

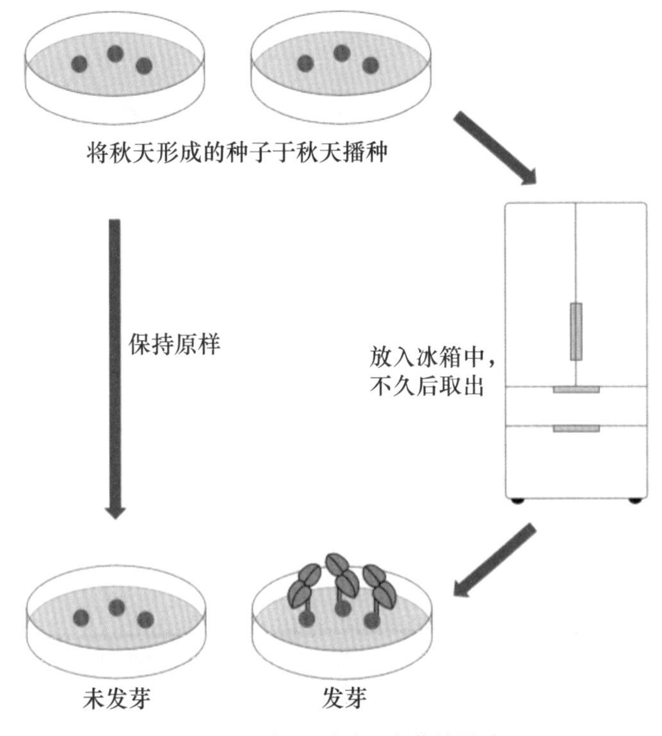

图 3-15　低温对种子发芽的影响

50. 怎样才能增加新品种水果的植株数量？

正确答案：B 切断树枝进行嫁接

培育新品种水果的方法有“偶发实生选种”“芽变选种”“杂交育种”等，如表3-3所示。不过，无论使用哪种方法，最初的芽和枝都具有相同的特点。那就是，最初只能是同一棵树或者同一根枝条。即偶发实生选种和杂交育种中只能使用同一棵树，芽变选种中只能使用同一根枝条来进行培育。

那么怎样才能增加新品种水果的植株数量呢？同一种水果的颜色、形状、味道、气味和大小都必须是类似的。因此，想要普及新品种，可以通过嫁接来完成。只有通过嫁接方式增加的植株才能在遗传上具有完全相同的性质。

除此之外，还有一种方法是让植物的枝条生根，然后将其切下，进而得到新的植株，这种方法叫作“压条”。然而这种方法比较费工夫，一般不被采用。将切下的枝条插入土中的扦插法成功率低，生长时间也较长。

通过嫁接来增加新品种水果植株数量的优点是：用经年的树木和枝条作砧木，结出果实所需的时间会短于从种子状态开始培育的结果时长。

我们无法通过培育种子来增加新品种水果的植株数量，这是因为在种子中，产生花粉品种的性质和产生种子品种的性质是混合在一起的。

表 3-3 新品种的培育方法

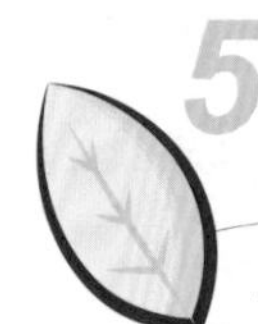

51. 为什么要在秋天种植球根并让其经历冬季的严寒？

正确答案：B 不经历严寒，花蕾无法生长

郁金香、风信子、水仙等春天开花的球根植物一般会在秋天培育。因此人们总会问：“为什么要在即将入冬的时候培育球根呢？”

这些植物在夏季形成花蕾，但如果直接在秋季开花，之后就会因冬天的低温而枯萎。如此一来，就无法形成种子。并且，在花枯萎后，球根因低温无法长大，其数量也无法增加。

如果没能确认寒冬已经过去，那么这些花的花蕾是不会绽放的。因此球根必须要经历寒冷的天气。

例如郁金香，其花蕾如果不在 8 ～ 9℃的低温下历经 3 ～ 4 个月，它就无法生长。因此，为了使其经历低温，就必须在秋季种植球根，让其通过经历寒冬以达到“在 8 ～ 9℃的低温下历经 3 ～ 4 个月”这个条件。正因如此，到了春天，天气回暖，花蕾才会开始生长并开花，如图 3-16 所示：

图 3-16 融雪时抽芽的郁金香

郁金香（如图 3–17 所示）、风信子、水仙等球根植物具有一种像人一样“谨慎”的性格，即如果不亲历寒冬并确保冬天已经过去，就不会轻易开花。

图 3–17　夏天球根中已经长出花蕾的郁金香

因此，如果在秋天种植这些球根，就能够让其充分经历 8 ～ 9℃的低温，如表 3–4 所示。之后，随着春天气温回升，它们就会长出嫩芽，伸展叶片，并在来年 4 月绽放美丽的花朵。

表 3–4　郁金香促成栽培的温度计划表

温度（℃）	时间（周）	事项
20	3	长出花蕾
8	3	花蕾生长旺盛
9	10	抽芽
13	3	叶子伸长到 3cm
17	3	叶子伸长到 6cm
23	3	开花

冬之篇

52 有些植物即使到了冬天也长满绿叶，那么，为什么有些植物可以在寒冬中保持常绿而不枯萎？

A．因为它们为抵御寒冬做好了准备

B．因为它们自身抗寒性较强

C．因为它们是感受不到寒冷的植物

（正确答案和解释详见第 136 页）

53 人们总说经历过寒冬的蔬菜吃起来格外甘甜，那么，为什么越冬的蔬菜通常比较甜？

A．因为寒冷使蔬菜的甜味成分增加了

B．因为寒冷使人的味觉变得敏感，从而感觉甜味增加了

C．因为寒冷的冬季过后，回升的气温使蔬菜的甜味增加了

（正确答案和解释详见第 138 页）

54 冬天的树枝上会有秋天形成的越冬芽。那么，如何才能让植物的越冬芽萌发？

A．提供春天般温暖的环境

B．提供夏天般炎热的环境

C．先提供冬天般的寒冷环境，再让其处于春天般的温暖中

（正确答案和解释详见第 140 页）

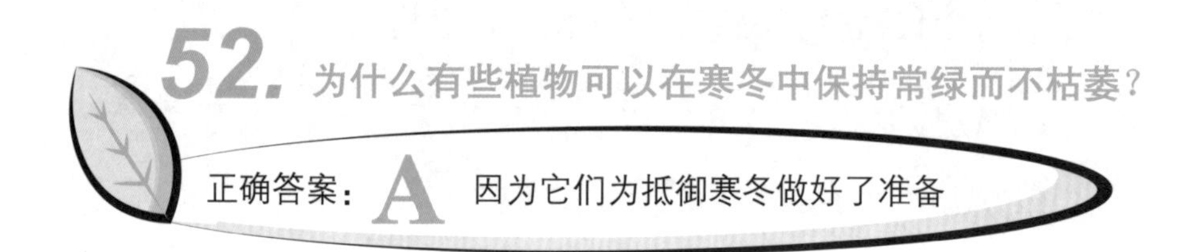

人们普遍认为，在冬季仍能保持鲜绿叶片的植物是感觉不到寒冷的钝感植物，这是一种非常严重的误解，其实这些植物为了迎接严冬的到来，认真地做了许多准备。

此类植物的绿叶即使在冬天也会进行光合作用，它们接受阳光照射并产生营养物质。那么，要进行光合作用，这些植物就得耐冻，因此它们必须具有非凡的抗寒能力。

这些植物会在寒冬快要来临之时增加叶片中抗冻的物

质，比如糖。这里的糖可以理解为食用白糖的同类。

不加糖的水和加了糖的水，哪个更耐冻呢？只要搞清楚这一点，我们就能够理解叶片在寒冬来临前增加糖的意义。

只要将以上两种水放入冰箱中冷冻，我们就不难发现，糖水更加耐冻，而且放的糖越多，水就越难冻结。这是因为随着水中糖的溶解，水结冰的温度也会降低。

液态的水变成固态的冰被称为“凝固”，凝固时的温度被称为“凝固点”。水的凝固点一般为0℃，但如果水中溶入了糖等物质，那它的凝固温度就会降低，这一现象叫作“凝固点下降”。

凝固点下降指的是在纯液体中，不挥发的物质溶入越多，使液体凝固的温度就越低。也就是说，水中含糖量越高，水的凝固点就越低。

因此，糖储备增加的叶片在冬天就比较耐冻，而且仍然可以保持绿色。实际上，除了糖以外，维生素类和氨基酸等物质也会溶解在叶片的水分中，由于它们都有降低水凝固点的效果，所以使得叶片更加耐冻，具体原理如图4-1所示：

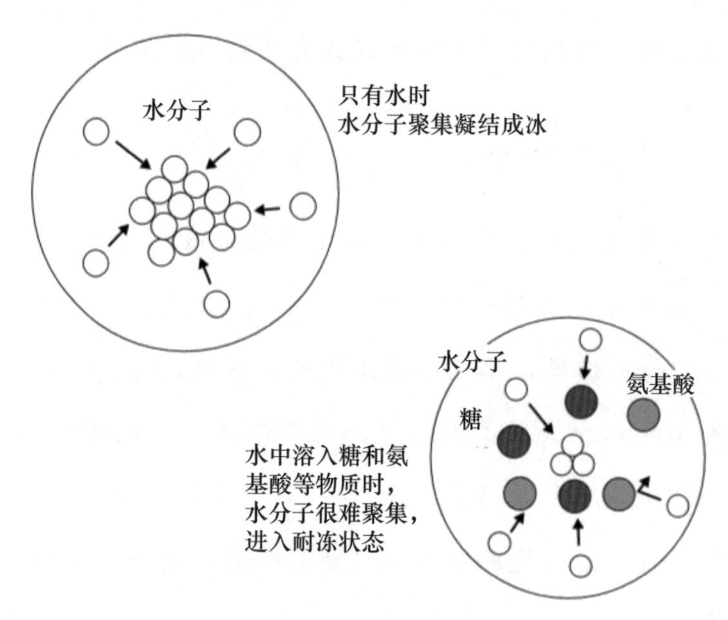

图 4-1　液体凝固点下降的原理

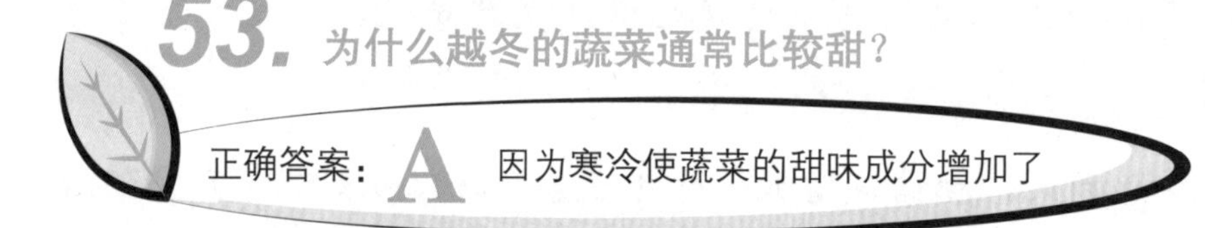

53. 为什么越冬的蔬菜通常比较甜？

正确答案：A　因为寒冷使蔬菜的甜味成分增加了

和第 52 题中讲到的树木的叶片相同，越冬的蔬菜通过增加自身的含糖量来抵御寒冬。因此，越冬的蔬菜通常会比较甜，如白萝卜、白菜、卷心菜、胡萝卜等。它们在经历过严寒的洗礼后含糖量增加，从而变得更加甘甜美味。

冬天上市的菠菜，一般是在温室中培育而成的。不过也有一些菠菜，在上市之前的特定时间内，专门让寒风吹进温

图 4–2 越冬菠菜

室，使其饱受寒风洗礼，这种菠菜叫作“越冬菠菜”，使其受寒的目的就是增加菠菜中的含糖量、提升甜味，如图 4–2 所示。

冬天的小松菜也是在温室中培养的。和越冬菠菜一样，为了增加甜味，要在上市之前的特定时间内使其经受冬天的冷风吹拂。这种小松菜被称为“越冬小松菜”。

还有一种胡萝卜不在秋季收获，而是在冬季时埋于雪下，并于初春上市，被称为“雪下胡萝卜”。这种胡萝卜甜度很高，据说其含糖量为普通胡萝卜的两倍左右。

另外，有人会将秋天刚刚收获的新鲜栗子置于 4℃的低温环境中储藏一个月左右，据说这样可以使其甜味倍增。

在日本富山县，冬季的严寒培育出来的卷心菜、胡萝卜、白萝卜、葱、菠菜（如图 4–3 所示）等被特意冠以“寒甘蔬菜”的名称进行销售。“寒甘”指的就是经历严寒其味变甘的意思。

经历寒冬后，蔬菜中增加的主要物质为糖，但可溶于水并能降低凝固点的物质还有氨基酸、维生素类等，蔬菜里的这些物质在冬季都会增加，因此越冬蔬菜不仅甜度会增高，营养价值也更高。

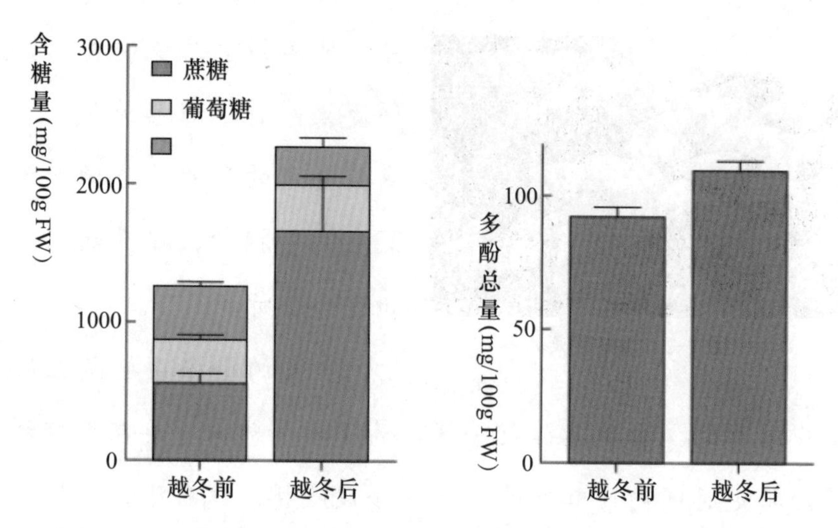

"越冬后"意为越冬20天后的结果。基于泷井（TAKII）种苗公司，农研机构东北农研2013年3月发布的资料摘编而成

图 4-3　菠菜越冬前后成分的变化

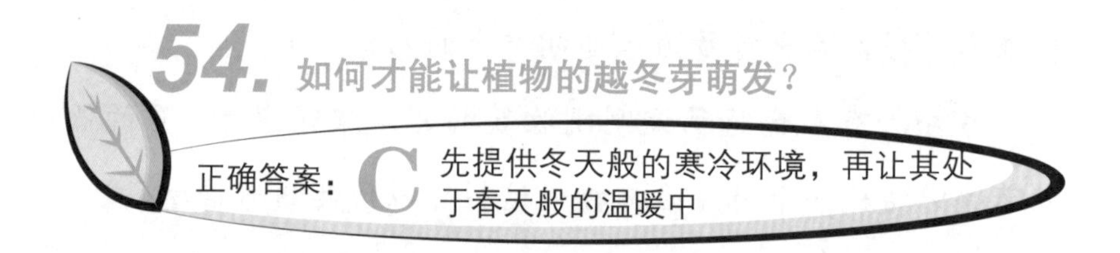

冬天，很多植物的芽都会变成越冬芽，然后将自己的身体紧紧地封闭起来，这些越冬芽到了春天会一齐萌发。对于"为什么越冬芽会在春天萌发"这个问题，人们一般会认为是因为春天气温回升了。当然，气温回升的确是越冬芽萌发的必要条件，但并不是唯一条件。

比如，初冬时，将秋天形成的越冬芽的枝置于温暖的环境中，这些越冬芽并不会萌发。这说明越冬芽不生长的原因并不是因为冬天外界的气温太低。

其实，处于温暖环境中仍不发芽的越冬芽此时正处于睡眠状态，即“休眠”，所以越冬芽也叫“休眠芽”。

第 44 问中讲到，秋天树木形成越冬芽时，叶片会向芽中输送脱落酸。这种物质可以促进休眠，阻碍发芽。因此，越冬芽中含有大量的脱落酸，所以即使越冬芽处于温暖的环境中，它们也照样不会萌发。

如果想让越冬芽萌发，就需要将它们从休眠状态中唤醒。为此，必须让越冬芽中的脱落酸消失，而这种物质遇冷时会被分解并消失。换句话说，越冬芽要萌发，首先要经历低温。在低温中脱落酸会被分解，这样越冬芽就会醒来。而此时冬天还没有过去，仍处于低温环境中的越冬芽会一直保持苏醒状态，默默等待气温的回升。

一旦气温开始回升，苏醒的越冬芽就会开始分泌赤霉素。第 12 问中讲到，赤霉素会促进种子发芽。同样，它也会促进越冬芽发芽。正因如此，一旦气温上升，越冬芽就开始萌发了。

越冬芽在春天萌发这一现象的背后，有两个阶段的机制在起作用，即越冬芽首先要确认冬天的寒冷已经过去，然后苏醒；其次是对春天的温暖有所反应，这样才能开始发芽。越冬芽中的情况如图 4-4 所示：

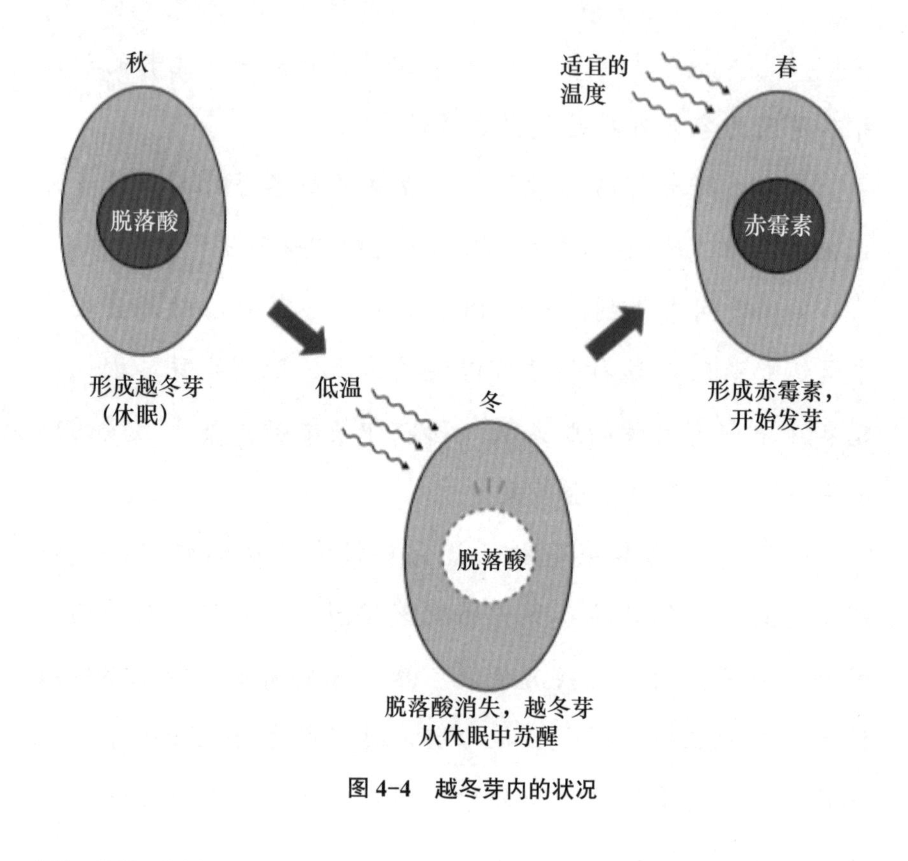

图 4-4　越冬芽内的状况

55 树木的越冬芽不是绿色，而多呈红色。那么，为什么越冬芽大多是红色的？

A．因为芽中的绿色色素遇寒变红

B．因为红色色素会保护芽的内部

C．因为芽枯萎而呈红色

（正确答案和解释详见第 **144** 页）

56 水栽培的球根在冬季低温中也一直浸泡在冷水里，有人看到这种情景觉得球根太可怜了。那么，在冬季将春天才会开放的球根放在温暖的房间里水培会怎样？

A．会在冬天开花

B．会在春天开出美丽的花朵

C．即使到了春天也不会开出美丽的花朵

（正确答案和解释详见第 145 页）

57 秋天播撒小麦种子之后，必须在冬天“踏麦”，也就是在抽出的芽上踩踏，如图 4-5 所示。如果为了省事，在春季播撒原本秋播的小麦种子会怎样？

A．不会发芽

B．即使发芽，芽也无法生长

C．会发芽并生长，但无法开花

（正确答案和解释详见第 147 页）

图 4-5　使用拖拉机进行踏麦

55. 为什么越冬芽大多是红色的？

正确答案：B 因为红色色素会保护芽的内部

使越冬芽呈红色的红色色素为花青素。第27问中讲到，这种色素是一种抗氧化物质，它能消除植物体内因太阳光紫外线照射产生的有害活性氧。因此，被这种色素覆盖对于越冬芽来说是有好处的。

包裹在坚硬的越冬芽中的重要部分被称为“生长点”。这一部分会在春天时长出叶子，同时本身作为芽开始生长。

虽然冬天的阳光很弱，但是紫外线依然会直接照射到越冬芽上，因此必须保护生长点不受紫外线照射产生的活性氧的影响。

包裹生长点的越冬芽上的小红叶会利用花青素来去除活性氧的危害。

花青素不仅会保护越冬芽，还会保护嫩芽。很多植物在芽萌发时会渐渐伸展开嫩绿的叶子。不过令人意外的是，刚伸展开的叶子一般不是绿色，更多的是偏红色的。

植物红色叶片之间的部分就是芽，这些芽通过红色色素保护着自己，如图4-6和图4-7所示：

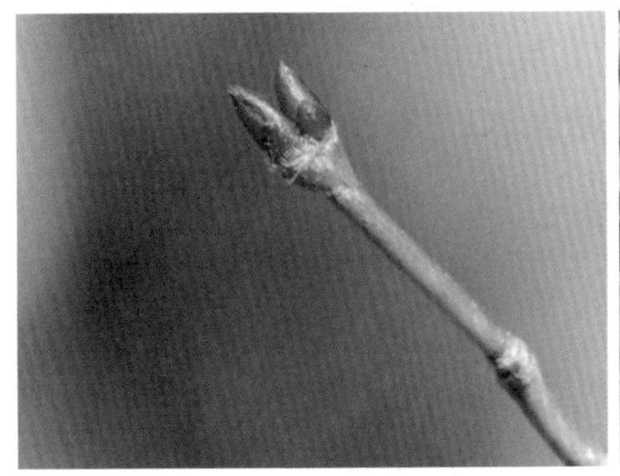

图 4-6　伊吕波枫的越冬芽

图 4-7　伊吕波枫发芽

56. 在冬季将春天才会开放的球根放在温暖的房间里水培会怎样？

正确答案：C　即使到了春天也不会开出美丽的花朵

第 51 问中讲到，秋天种植的郁金香、风信子、水仙等植物在夏天会发育出花蕾，花蕾在感受到冬天的低温后开始生长，并于来年春天开放。正因如此，如果要在花坛中栽培球根，就要在秋天种植，让其充分感受冬季的低温。

在室内进行球根的水培时，仍必须让其感受冬天的低温。有些小孩子看到从秋天开始水培的球根会觉得："大冬天的，它们依然在冷水中泡着，还放在冷飕飕的房间里，实在是太可怜了。"

如果有人同情球根的处境，将球根放在温暖的房间中，那么就算到了春天，球根由于没有感受过低温，也不会开出美丽的花朵。水培的球根在感谢主人“不让其经受低温”的良苦用心时，应该也会感到为难吧。

为了能在春天顺利开花，球根中产生的花蕾必须要按一定的顺序感受生长所必需的温度变化，其中也包含特定时期的低温。每种植物的花蕾都有不同的生长所需温度。曾经有人调查过每种植物最初开花所必须经历的温度和时间，例如郁金香，其具体情况已经在第 51 问进行了说明。

利用植物的这一特性，我们可以让郁金香在花蕾形成后的 25 周就能够开花。所谓的“促成栽培”正是充分利用了这一点，才能让盆栽郁金香在圣诞节也能够盛开。还有一种秋冬季节开花的“冰激凌郁金香”，也是利用了这一特性，如图 4-8 所示。

图 4-8　秋季开花的冰激凌郁金香

对于春天开花的球根类植物来说，冬季不仅会带来严寒，对植物能否在春季开花也是一种考验。冬季也是植物为春暖花开而积蓄力量的关键时期。

57. 在春季播撒原本秋播的小麦种子会怎样？

正确答案： 会发芽并生长，但无法开花

小麦分为春小麦和秋小麦两种。春小麦在春天到初夏之间播种，夏天抽芽生长，秋天收获。

如果在春天播撒秋小麦，小麦会发芽并生长。但是无论小麦叶子再怎么繁茂，也不会开花。即便到了秋天，也不会形成花苞。

图 4-9　冬季过后开始开花的小麦

对于秋小麦来说，要想在生长后形成花苞，就必须在刚发芽时经受低温，这一过程被称为“春化”，这种低温处理方式被称为“春化处理”。

在大自然中，正是因为冬季低温，“春化”才得以实现。秋小麦的种子也只有经历“春化”，感知昼夜长短的变化，才能顺利形成花苞。

有必要进行春化处理的植物主要分为三大类：越冬一年生植物、二年生植物和春季开花的多年生植物。为了保证

这些植物的生存遵循客观规律，必须要使其经历一定时间的低温。如果不经历低温，植物就只有茎和叶会生长，并不会开花。

越冬一年生植物的萌芽经过冬天的寒冷时期，在大自然中接受春化处理。秋小麦就属于这种类型。二年生植物会在长出根、茎、叶之后，于大自然中感受冬季的低温。春季开花的多年生植物会在春季开花前的那个冬季接受春化处理。需要进行春化的植物如表 4-1 所示：

表 4-1　有必要进行春化处理的植物

<table>
<tr><td>①越冬一年生植物：春季萌发的嫩芽通过越冬接受春化处理，次年初夏时结果，包括小麦、大麦、黑麦、白萝卜等

</td></tr>
<tr><td>②二年生植物：春季发芽，生长后的茎和叶通过越冬接受春化处理，次年开花结果，包括洋葱、卷心菜等</td></tr>
<tr><td>③春季开花的多年生植物：开花前的那个冬天接受春化处理，包括堇菜、樱草、瞿麦等</td></tr>
</table>

58 冬夜里，当你坐在行驶的列车上，从窗户向外眺望时，你会看到田地里有用电灯照亮的塑料大棚。那么，为什么冬夜里要用电灯照亮大棚？

A．因为夜里也要干活

B．人为延长白天的时间，缩短夜晚的时间

C．人为将昼夜颠倒

（正确答案和解释详见第 150 页）

59 夜间用电灯照亮温室大棚，在里面培育蔬菜或花草，这被称为“电照栽培”。那么，电照栽培中使用哪种颜色的光才是最有效的？

A．蓝色

B．绿色

C．红色

（正确答案和解释详见第 152 页）

60 比起夏天炎热的室内，鲜切花在冬天寒冷的房间里花期更长，如图 4-10 所示。那么为什么鲜切花在冬天寒冷的室内可以保存得更久？

A．因为冬天室内气温低

B．因为冬天室内空气干燥

C．因为冬天室内夜晚时间长

（正确答案和解释详见第 154 页）

图 4-10　水仙插花

58. 为什么冬夜里要用电灯照亮大棚？

正确答案：B　人为延长白天的时间，缩短夜晚的时间

第 2 问、第 37 问中讲到，植物会根据夜晚时长调节开花时间。例如，菊花只有在夜晚变长时，才会形成花蕾并开花。不过在日本，无论什么场合，菊花都是必需品，需要全年供给。

因此，我们需要用电灯将温室照亮，延长白天时长，缩短夜晚时长，让菊花“搞混”季节。这样一来，菊花就不会形成花蕾。像这样缩短夜晚时长进行的栽培被命名为“电照

栽培”。

只有为了赶上菊花的上市日期，让花蕾迅速生长并开放时，才会采用取消电灯照明或在傍晚用窗帘遮蔽等方式来延长“夜晚”时间。这样一来，才能形成花蕾，花朵才会开放。

例如，为了赶上日本正月里菊花的上市，菊花种植户会依照各个品种的特性，在夜里用电灯照亮温室进行栽培，一直到11月中旬为止。此后种植户取消照明以延长“夜晚”时长，这样就能让菊花刚好赶在正月期间开花。

同样，吃生鱼片时搭配的青紫苏叶子的种植也需要用到电照栽培。在家庭菜园中，紫苏于春天发芽，夏天到秋天都会不停长出叶片供人们食用。但是气温降低后，紫苏会因寒冷而枯萎，因此人们要想一年当中不间断地吃上青紫苏叶，就需要在温暖的温室中对其进行人工栽培。另外，还有一件十分重要的事：夏至过后，白天变短，夜晚变长，此时青紫苏会形成花蕾并开放。开花后，叶片中储存的营养会用于根部的生长，到了秋天，叶片就会失去绿色。因此，为了一整年都可以得到绿色的青紫苏叶，就必须在温室中阻止其形成花蕾。由秋至冬，夜晚变长，如果温室栽培时不采取特殊措施，花蕾就会自然形成并开放。所以，即使在避开寒冷的温室中栽培该植物，也需要辅以电灯照射，这样才能使紫苏叶片保持常绿。

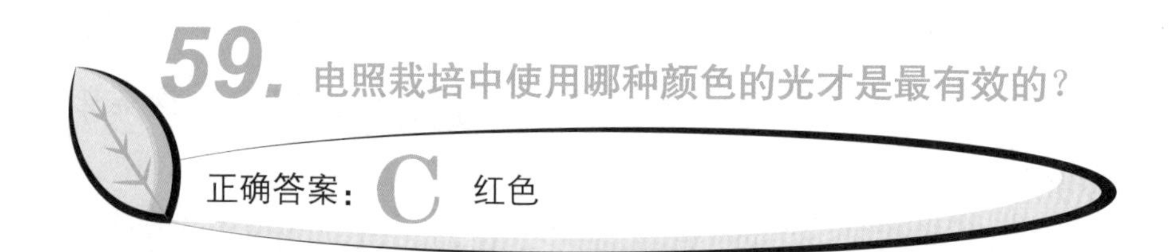

电照栽培中需要彻夜用电灯照明，由此产生的电费会很高。因此为了节省电费，可以考虑使用以下 3 种方法。

例如第 58 题中说到的紫苏，若不考虑品种之间的区别，一般来说，只有在夜晚时长大约为 10 个小时以上才能形成花蕾。所以要用电灯照明，将夜晚时长缩短到 10 个小时以内。

第一种方法，在天色变暗后，用电灯照明 5～6 个小时，将夜晚时长缩短到 10 个小时以内。这样比起整夜照明，能省下许多电费。

第二种方法，在夜间每小时用电灯照明 15 分钟。紫苏要形成花蕾，必须要在一定时间内处于连续的黑暗中，因此不断地去打断黑夜状态也是有效的。

第三种方法，仅需在长夜刚好过半时进行一次约 1 小时的电灯照射。用光照打断黑暗的方法被称为“光中断”。不只是紫苏，所有植物都靠叶片来感知夜晚。不过进行光中断时，光的效果会因时段的不同而不同。比起夜晚刚开始和夜晚即将结束时，夜晚过一半时进行光照才是最有效的。

假设黑夜为16个小时，在进入黑夜2～4个小时后进行1个小时的光照，效果欠佳。但如果在进入黑夜8小时后进行1个小时的光照，黑夜效果就会完全消失，这样紫苏的花蕾就无法顺利形成。过了8个小时之后，进行光中断的效果就又会减弱。

进行光中断时所使用的光色也会影响其消除黑夜的效果。红色光比蓝色光和绿色光更加有效。排除紫苏的品种和光强等因素，有实验证明，在黑夜经过一半时，用红光进行十几分钟照射就可以消除16个小时黑夜产生的效果，这对防止紫苏的花蕾形成十分有效。具体影响情况如图4–11所示：

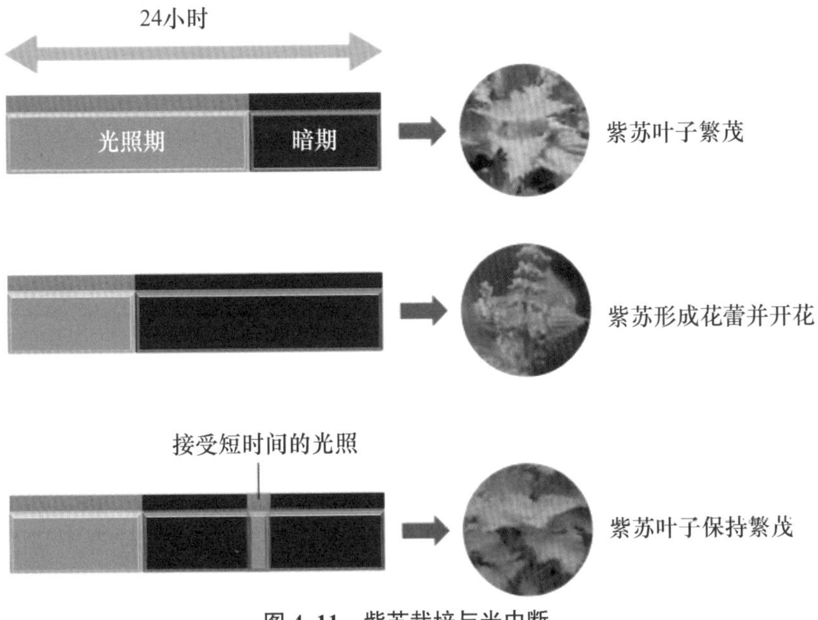

图4–11 紫苏栽培与光中断

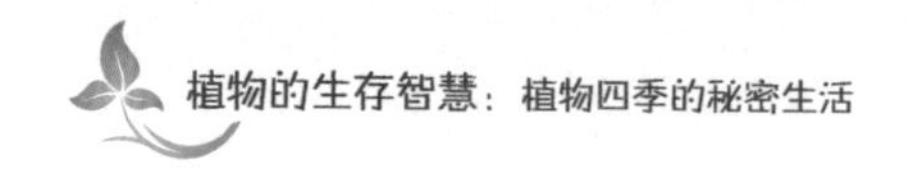

近年来，在植物工厂中，发光二极管被普遍应用于电照栽培中。发光二极管可以节约能源，而且可以仅发出红色光进行高效的照射，因此可以推测，今后它应该也会更多地被用于光中断的方法中。

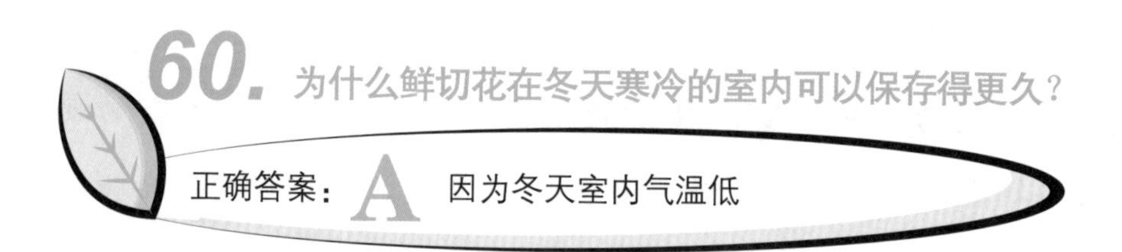

鲜切花所处环境的温度会影响其寿命，原因是鲜切花需要进行呼吸作用，而呼吸作用会消耗能量。

温度越高，花的呼吸作用越强，老化就会越快。因此降低温度后，花的呼吸作用被抑制，老化速度会放缓，其保存时间就会变长。

如图 4–12 所示，将同一天开的花分别放在 10℃、15℃、20℃、25℃室温的房间中。温度越低，房间中的花朵越有生气。

因此，在夏天，比起没有空调设备的房间，有空调制冷的房间更适合鲜切花的保存；在冬天，比起有暖气的房间，没暖气的房间更适合鲜切花的保存。

此外，温度时高时低也会使鲜切花的寿命缩短，这是在最近的鲜切花运输中通过实际观察得出的结论。

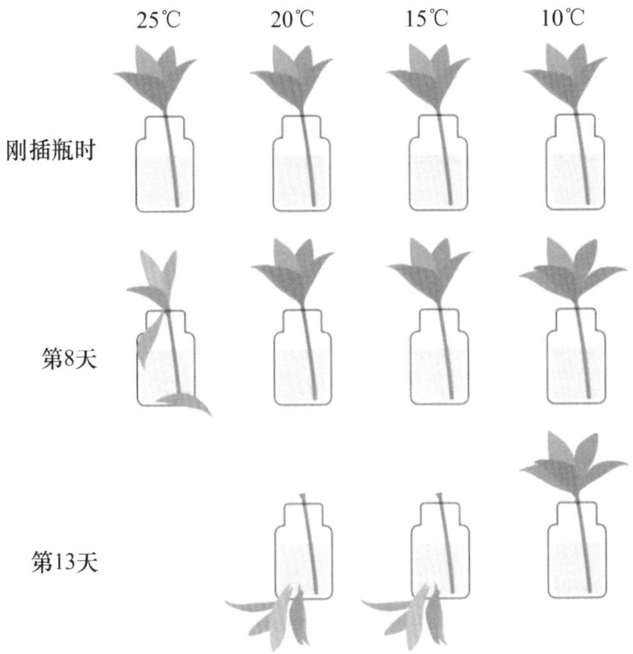

25℃ 20℃ 15℃ 10℃

刚插瓶时

第8天

第13天

图 4-12 温度对鲜切花寿命的影响

以前鲜切花都是用箱子封起来，放在低温的运输车里运输，已经开了的花在寒冷阴暗的箱子中无法保持活力，会不可避免地变得虚弱。

这些花被送到花店后，由于从昏暗的低温环境中转移到了有光的高温环境中，花蕾会迅速绽放。这种经历了环境急剧变化的鲜切花一般不会活得很久。

因此出现了一种新的运输方法，无论是花蕾还是已经开了的花，都将它们放入装水的容器中进行恒温运输。此外，利用照明工具消除黑暗，这样鲜切花的寿命就会变得更长。

近年来由于不发热的发光二极管开始用于照明，这种方法也变得可行。

之前即使喷洒营养液，鲜切花的寿命也只能维持 7 ~ 10 天，但是如果采用上述方法运输，鲜切花的寿命可延长至 10 ~ 14 天。

61 让鲜切花活得长久有很多方法。下列方法中，哪种方法不适于延长鲜切花的寿命？

A．吸水处理　　B．水中剪切

C．剪枝（根）　　D．热水浸烫

E．中途添水

（正确答案和解释详见第 157 页）

图 4-13　制作鲜切花

62 人们经常会在水盘或花瓶中加水并插入鲜切花。那么，为了让鲜切花活得更久，在水中加入什么营养物质比较好？

A．氮、磷、钾三种肥料

B．钙和镁等矿物质

C．葡萄糖和蔗糖等糖

（正确答案和解释详见第 160 页）

63 在日本，很多人都觉得夏天湿气太重，冬天湿气不足。那么，白天空气湿度较高时，植物光合作用的速率会发生变化吗？

A．不受影响

B．速度会加快

C．速度会变慢

（正确答案和解释详见第 162 页）

61. 哪种方法不适于延长鲜切花的寿命？

有很多方法可以用来延长鲜切花的寿命。要想让鲜切

花充满活力、长久保鲜，那就必须要让水从切口进入花中。第 22 问中讲到，切口进入的水是通过叫作“维管束”的细小管道进入茎的。要想让水持续进入维管束，就不能让水路断掉。

花朵和其周围的叶片都会吸水，但一旦水路在某处中断，即使花和叶在上面吸水也无济于事。一旦吸水效果变差，鲜切花就无法保鲜。

因此，一件很重要的事就是切花时要在水中将茎切断。如果在空气中将茎切断，茎中就会进入空气，维管束中的水路就会断掉。因此为了防止切断水路，花茎就要在水中剪切。

如此一来，切口就不会进入空气，水路连续，上部的花朵和叶片就可以顺利吸水，从而保持良好的鲜切花状态。这种切花方式叫作“水剪上水法”。

每隔几天将茎的根部蘸水并重新切除，这叫作“剪枝（根）”。剪枝（根）可以保证茎的切口保持清洁并顺利吸水。在植物栽培中，这种方法也用于剪短过于繁茂的枝叶和花茎，以重整植物形态。

“热水浸烫”也是促使鲜切花吸水的一种方法。即用纸把花裹住，将茎的切口放入沸腾的热水中保持几十秒，以赶走茎里的空气，取出后立刻将花放入冷水中即可。

“中途添水”，又叫作“点凉水”，这是一种烹饪用语，即为了让沸腾的水变得平静而往热水里加一些冷水的方法。有人认为此方法用在插花中也是可行的，如果发现鲜切花水分不足，就可以靠中途往花瓶里添水的办法来解决。其实这是不可行的。一般来说，要想让鲜切花活得长久，最好保持容器的清洁，经常换水。插花所用容器中一旦产生了微生物，堵住了吸水的茎切口，鲜切花的吸水状况就会变差。因此，插花时不能中途添水，勤换水才是延长鲜切花寿命的好方法。

关于如何让让鲜切花长久保鲜还有许多民间传闻，图 4–14 就总结了几种：

在花瓶的水中加入漂白剂

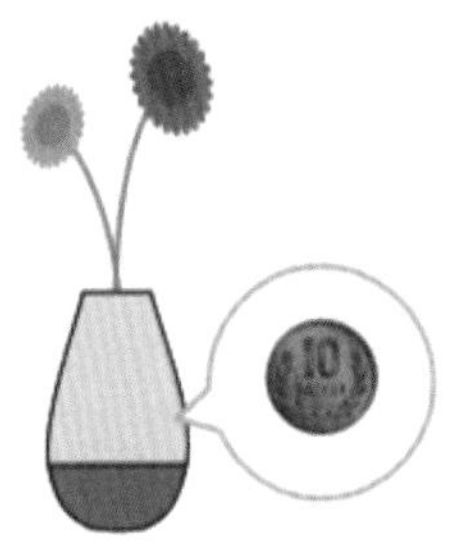

在花瓶里放入硬币

将花的切口短时间
在火上烧或者用酱油煮

将花的切口
短时间放入醋或酒精中

图 4–14　如何让鲜切花持久保鲜（传言未验证）

62. 为了让鲜切花活得更久，在水中加入什么营养物质比较好？

正确答案： 葡萄糖和蔗糖等糖

花的呼吸作用需要能量，而产生能量需要特定的物质，那就是葡萄糖和蔗糖等糖，这些物质会在植物接受光照并进行光合作用时产生。

不过大多数情况下，鲜切花并没有太多叶片，如图 4-15 所示。如果有也只是几片，并且尺寸很小。而且鲜切花一般放置于光线较弱的室内，因此只能进行规模很小的光合作用。

鲜切花叶片较少，只能进行小规模的光合作用。图为银莲花

图 4-15　鲜切花叶片较少

一旦产生不了作为能量来源的糖，植物就会失去活力。而充足的糖供给才能保持花朵的持久鲜艳。那么，只需要在水中加入少量糖，花朵在吸收后就会变得充满活力。

不过水中加入多少糖才合适？这是个难题。因为糖在有利于花进行呼吸作用的同时，也会加快细菌的繁殖，有时甚至会发霉并堵塞维管束。一般来说，加糖的标准大约是将清凉饮料的浓度稀释至原来的 1/5 左右，或者说糖浓度为 1%。

但这种标准并不适用于所有植物的鲜切花。

还有一种方法是将抑制细菌滋生的杀菌剂和糖同时加入水中。但如果杀菌剂效果太强，花的寿命同样会缩短，因此必须根据杀菌剂的种类反复测试最适宜的浓度。

糖对鲜切花的影响如图 4-16 所示：

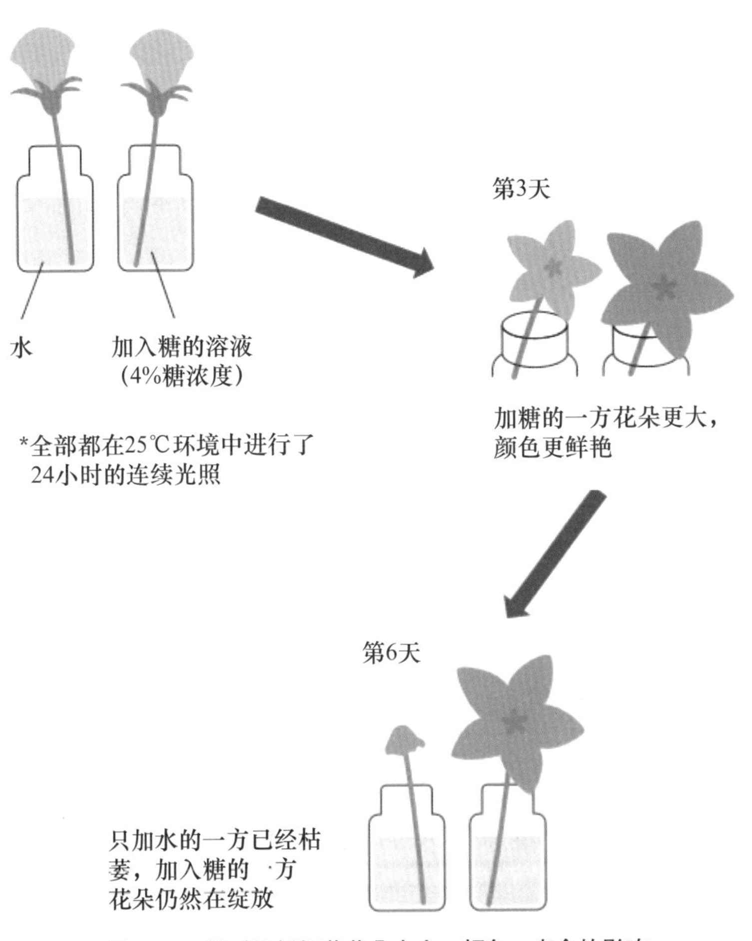

图 4-16　糖对于鲜切花花朵大小、颜色、寿命的影响

63. 白天空气湿度较高时，植物光合作用的速率会发生变化吗？

正确答案：B 速度会加快

空气湿度较高时，光合作用的速率就较快，植物的生长速率也会加快。例如，我们可以观察一下水稻在高湿环境和干燥环境中的生长情况。

通过比较，高湿条件下植物确实生长得更好：植物长得高，枝繁叶茂，叶片面积较大。当然植物本身的重量也会增加。

那么，为什么较高的湿度会影响植物的生长呢？这是因为植物在白天对抗水分不足的同时还在进行光合作用。

湿度会影响从植物叶片中蒸腾的水量。比起干燥的空气，湿润的空气能减少水分的蒸腾量。因此，植物在湿润的空气中可以安心地张开气孔。气孔大大地张开，二氧化碳就会被大量吸入，光合作用得以更高效进行，植物也就能生长得更好。

有人不禁会问：“气孔张开，叶片里的水分难道不会大量蒸发，导致叶片中水分不足吗？”的确，气孔张开时蒸发的水量也会增多。但比起气孔张开的大小，水分蒸发量很大程度上取决于空气湿度。

空气中水蒸气的含量是有一定限度的。空气中的最大水蒸气量被称作“饱和水蒸气含量”。

蒸腾的水量取决于饱和水蒸气含量与空气中实际水蒸气含量之差，这一含量差叫作“饱和差”。饱和差越大，蒸腾水量就越多；饱和差越小，蒸腾水量就越少。

空气湿度较高时，饱和差较小，蒸腾就较难进行。这种情况下即使叶片上的气孔打开，高湿环境也会使其蒸腾量变少。

反之，空气湿度越低，饱和差就会越大，蒸腾就会加快。即使叶片上的气孔没怎么打开，低湿环境也会使蒸腾量变多。就像洗完的衣服在干燥环境中干得快、在高湿环境中干得慢，道理是一样的。

湿度正是通过叶片蒸腾的水量来影响植物本身的水量，从而影响光合作用的速率。具体数值对比如表 4–2 所示：

表 4–2　25℃（饱和水蒸气含量 23.0g/m^3）时的湿度与饱和差

湿度（%）	实际水蒸气含量（g/m^3）	饱和差（g/m^3）
50	11.5	11.5
60	13.8	9.2
70	16.1	6.9
80	18.4	4.6
90	20.7	2.3

64 白天的空气高湿度会加快植物的光合作用，而夜晚植物不会进行光合作用。那么，夜晚空气湿度较高时，植物生长速率会发生变化吗？

A．夜晚的空气湿度不影响光合作用，因此不影响植物的生长速率

B．夜晚的空气高湿度会限制早晨的光合作用，对植物的生长速率产生不利影响

C．夜晚的空气高湿度会促进早晨的光合作用，对植物的生长速率产生有利影响

（正确答案和解释详见第 166 页）

65 如果横着切断树干，就会发现其截面上有同心圆状的圆环，人们称之为“年轮”。那么，树木的年轮是怎样形成的？

A．每年春天新树皮形成时留下的痕迹

B．从夏天到秋天，树木减缓生长留下的痕迹

C．树木经历冬季低温时留下的痕迹

（正确答案和解释详见第 168 页）

66 虽然现在已经无人使用了，但是在很早之前，日本会用发电报的方式来通知入学考试的结果，美丽的樱花成为其中的常客。考试合格时的通知信中会写上“樱花、开放”等字眼，不合格时也会写上一些有特殊含义的内容。那么，入学考试不合格时，通知的电报上会怎样写？

A．“樱花、落”

B．“樱花、未开”

C．“花蕾、紧闭”

（正确答案和解释详见第 170 页）

图 4-17　开放的樱花和花蕾

64. 夜晚空气湿度较高时，植物生长速率会发生变化吗？

正确答案：C 夜晚的高湿度会促进早晨的光合作用，对植物的生长速率产生有利影响

和第63题中所说的一样，夜晚的湿度对植物生长来讲也十分重要。

虽然夜晚的湿度比白天的湿度对植物生长的影响要小一点，但其影响也是十分明显的。

比如，设定植物白天所处环境湿度为75%，而夜晚环境湿度则分为两个实验组，一组为高湿（90%），另一组为低湿（60%），10天过后，就会发现肉眼可见的生长差异。夜晚高湿环境下生长的植物，相对于夜晚低湿环境下生长的植物，身长较高，叶片茂盛，且叶片面积较大，整体重量也大，根部也十分发达。

根据夜晚的不同湿度，植物叶片在清晨的水分含量也会有很大区别。夜晚高湿环境下生长的植物，其叶片所含水分更多。这种差异影响了从早晨开始的光合作用。

到了早晨，植物就会接受日照，开始进行光合作用。夜晚低湿环境中生长的植物和高湿环境中生长的植物，其光合作用之初的速率几乎是相同的。但是在低湿环境中生长的植物，其光合作用的速率会很快减慢，而在高湿环境中生长的

植物，其光合作用速率会一直维持在高水平状态。

如果在同样的温度和光强下，光合作用速率减慢较早，说明叶片中所含水分较少。因为植物接受日照开始光合作用时，为了吸收二氧化碳，叶片需要打开气孔。这样一来，水分就会从叶片中蒸腾出去了。

夜晚在高湿环境下生长的植物，其叶片所含水分较多，而夜晚在低湿环境下生长的植物则含水量较少。因此，即使同样进行光合作用，含水量少的叶片也很快就会水分不足。而水分一旦不足，就需要关闭气孔，那么二氧化碳的吸入量就会减少，光合作用的速率也随之减慢。

综上所述，夜晚湿度会影响植物生长，而夜里叶片过多吸收的水分会在早晨溢出，如图 4-18 所示：

图 4-18　草莓叶片的溢水现象

65. 树木的年轮是怎样形成的？

正确答案：B 从夏天到秋天，树木减缓生长留下的痕迹

树干的横截面上会形成环状的条纹，这是树木历经岁月变粗、变大的痕迹。

树干上的树皮内侧有一个叫作“形成层”的部分。切断树干后，横截面的中心部位有一个木质化的部分，其外侧的形成层呈环状。这一部分会生成大量细胞，因此树干会变得粗大。由于形成层一般位于木质化部分的外侧，因此产生的细胞会残留在内侧。内侧所产生的细胞，其大小和性质会因季节的不同而有所差异。

由春至夏产生的细胞形状较大，其细胞壁较薄，看起来发白。与此相反，夏末至秋产生的细胞形状较小，细胞壁较厚，看起来发黑，如图 4-19 所示：

图 4-19 树桩上的年轮

每年的每个季节所产生的细胞都会在树干内部形成环状的条纹，我们称之为“年轮”。年轮较宽时，说明植株由春至夏生长良好时产生的细胞较大；年轮较窄时，说明植株夏末至秋生长不好时产生的细胞较小。树木生长良好的季节，其年轮也会较宽。

植物的叶片和枝干在温暖且日照充足的南面生长较好，在阴暗的北面则生长较差。因此有人认为树干南面的年轮应该会较宽，树干北面的年轮会较窄。不过，经过对树干年轮大小的实际调查，我们发现情况并不是这样。对于同一棵树干来讲，南北两面树叶和枝干的生长差异并不会在年轮上表现出来，如图 4–20 所示：

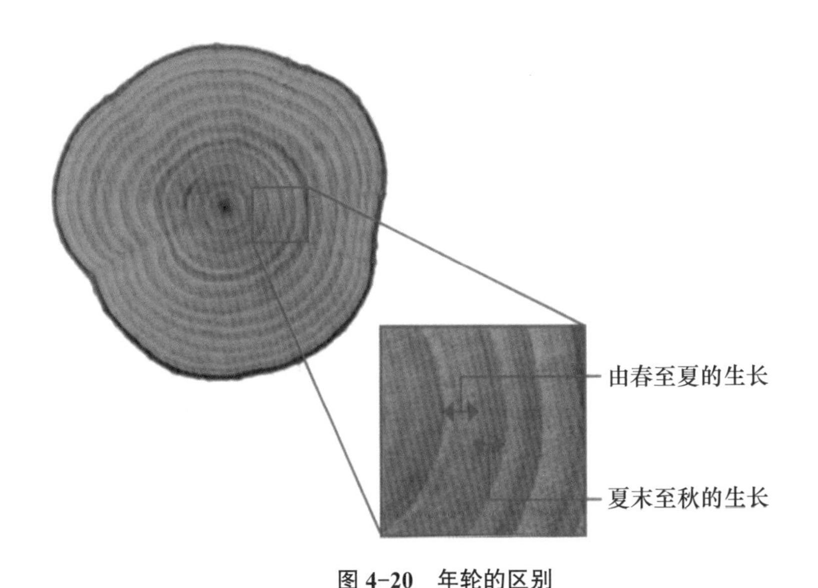

图 4–20　年轮的区别

66. 入学考试不合格时，通知的电报上会怎样写？

正确答案：A “樱花、落”

春天百花盛开时，樱花会被很多人极力称赞，但在这华丽的绽放背后，是樱花整整一年的努力。

第4问中讲到，樱花的花蕾于夏季形成。而第44问讲到，樱花的花蕾会在秋天被包裹进越冬芽。此外，第54问中还讲到，樱花会在经历寒冬后分解脱落酸，感到温暖的春天来临时，会借用赤霉素的力量绽放花朵。

樱花的开放是它整整一年努力的结果，因此，通知入学考试结果的电报中所写的“樱花、开放”就是一种对考生的努力十分准确的比喻了。这句简短的话语中包含的意思就是，正如樱花为绽放而付出了努力一样，为了考上心仪的学校而付出的努力终于有了结果。

与此相对，如果考试不合格，一般会使用“樱花、落”这样的说法。如果非要咬文嚼字说“明明还没有开，怎么可能落”，那就未免太钻牛角尖了。

其实，我个人认为“樱花、未开”或“花蕾、紧闭”也适用于考试不合格的情况。我觉得仅仅多一个字，电报费应该也不会发生很大的变化吧。

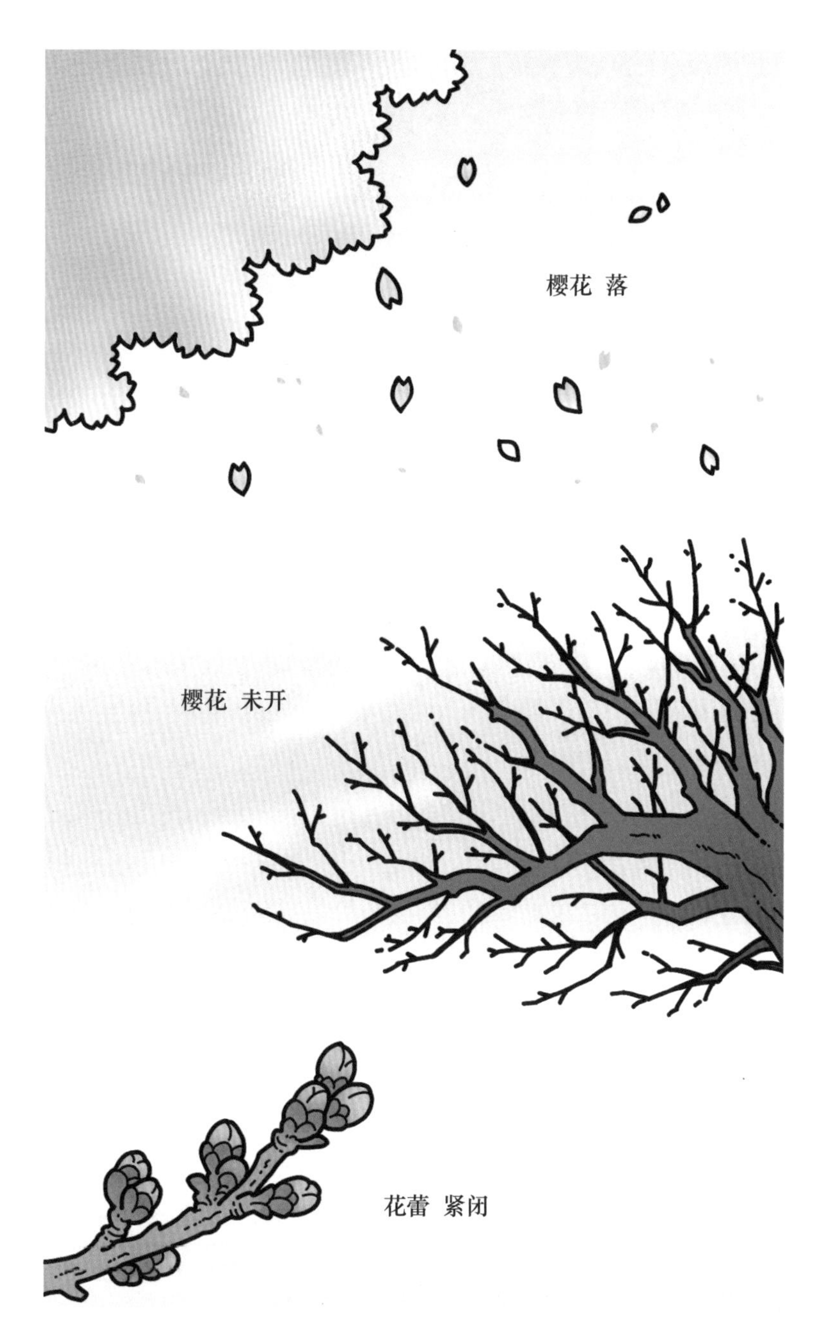

图 4-21　樱花的不同形态